21世纪应用型本科院校规划教材

单片机原理及应用实训教程

主　　编　付丽辉
副 主 编　杨玉东　徐大华　皇甫立群
编写人员　白秋产　段卫平　李　华

南京大学出版社

图书在版编目(CIP)数据

单片机原理及应用实训教程 / 付丽辉主编. -- 南京：南京大学出版社，2017.7

21世纪应用型本科院校规划教材

ISBN 978-7-305-17974-7

Ⅰ. ①单… Ⅱ. ①付… Ⅲ. ①单片微型计算机一高等学校一教材 Ⅳ. ①TP368.1

中国版本图书馆CIP数据核字(2016)第298218号

出版发行 南京大学出版社
社　　址 南京市汉口路22号　　　邮　编 210093
出 版 人 金鑫荣

丛 书 名 21世纪应用型本科院校规划教材
书　　名 单片机原理及应用实训教程
主　　编 付丽辉
责任编辑 吴　华　　　编辑热线 025-83596997

照　　排 南京南琳图文制作有限公司
印　　刷 常州市武进第三印刷有限公司
开　　本 787×1092 1/16 印张 12.5 字数 289千
版　　次 2017年7月第1版 2017年7月第1次印刷
ISBN 978-7-305-17974-7
定　　价 36.00元

网址：http://www.njupco.com
官方微博：http://weibo.com/njupco
微信服务号：njuyuexue
销售咨询热线：(025) 83594756

前　言

编写该教材主要基于两个方面的考虑，一是单片机原理及应用课程在电类专业学生的毕业设计及增强学生就业竞争力中具有非常重要的意义；二是当前单片机原理及应用课程教材在一定程度上影响了学生对该课程知识的学习。

拥有电类、机电类、计算机类等专业的一般本科院校的办学宗旨是培养应用型本科教育人才，即在培养、加强专业基础教育的同时，注重对学生的技能教育，培养适应现代化建设的，基础扎实、知识宽、能力强、素质高，可以解决实际问题并具有创新精神的高级应用型人才。而单片机原理及应用就是一门基于这种教学宗旨并面向电类等专业学生的课程，该课程是一门理论性、逻辑性、实践性很强的学科，是电类等专业学生的一门重要的专业课，也是电类等专业高素质技能型人才所需的自动控制类知识的载体，在学生的毕业设计及就业中占有非常重要的地位。

然而，目前，很多学校的学生们对该课程的学习状况不容乐观，在每年的毕业设计之时，其学习情况就显现出来，很多同学都需要重新学习基础知识，对之前学过的理论的理解少之又少，从而在很大程度上影响其毕业设计的效果和进度，也影响了学生自身就业竞争力的提高。造成这种现象的原因，一是基于传统教材的教学方法一般只注重课程本身的体系结构和前后的逻辑联系，忽略了“可学性”，致使学生学得吃力，老师教得辛苦，教学效果却没有显现出来；二是教学中多以理论教学为主，实验教学则多为验证性实验，而单片机实验室存在场地和时间的限制，学生除了上课，很难有机会接触仿真器、实验板等设备，因此，学生动手能力的训练和提升也无从谈起。为了改变这种现状，本课题组申请编写以实践教学为主导的《单片机原理及应用实训教程》教材，用以改变传统的教学方法和手段，期待同学们能在学习本书的过程中得到真正的锻炼和提高。

本书以实践教学为主导，是一本以单片机技术应用为主线编写的实训教材，既可作为独立的教学用书，也可以作为理论教学书籍的有益补充。该书设有基础知识和实训技术知识，第一篇为基础理论篇，主要简明扼要地叙述了单片机的基础理论及软硬件资源，包括单片机的引脚功能及指令系统、定时器、中断、串口、存储器扩展等知识；第二篇为系统开发与实战训练篇，共包含第二章、第三章、第四章、第五章。其中，第二章讲解系统开发与实战训练之开发系统及开发环境；第三章讲解系统开发与实战训练之模块设计，以模块化设计为基础，讲解基本电路系统，设计模块包括键盘（独立式及矩阵式）模块、显示模块（发光二极管 LED 显示、数码管及 LCD 显示）、A/D 转换模块、D/A 转换模块、蜂鸣器模块、温度测试模块，在每个模块扩展功能时，所用到的其他电路都尽量选择本章所述的相关模块，且保证每个模块都具有完整的程序及电路设计；第四章为系统开发与实战训练之基础训练，提出一些相当于课程设计难度的简单任务，主要包括交通灯控制器的设计、抢答器的设计、密码锁的设计、计算器的设计，并尽量利用第三章的各个模块搭建完成各个任务；第五章为系统开发与实战训练之应用系统开发，提出若干相当于毕业设计难度的复杂任务，主要包括来电显示和语音自动播报系统以及语音万年历的开发任务，并给出各个设计任务的软件设计过程及电路。通过对本章的学习，使得学生们循序渐进地掌握单片机的设计方法，并学会模块化设计方式，最终使得学生在单片机方面的水平达到可以独立完成设计任务的高度。

由上可见，该书既有基础知识，又有实训技术知识，因此，既可以独立作为教学用书使用，也可以作为辅助教材使用，但以实训为主，主要意图是为学生的毕业设计、课程设计及增加学生就业竞争力打下坚实的基础，并为今后的单片机原理与接口技术教学改革做准备工作，相信在这样的书籍辅助之下，学生的动手能力会有很大提高。

本教程由付丽辉、杨玉东编写第一章并统稿，白秋产编写第二章，南京农业大学工学院徐大华老师编写第三章，皇甫立群编写第四章，段卫平、李华负责编写第五章，在此表示衷心感谢。

由于编者水平有限，书中难免存在不当之处，敬请批评指正。

编　者

2016 年 8 月

本书特点

1. 本书的特点是以 MCS－51 单片机实践教学为主导，是一本以单片机技术应用为主线编写的实训教材，既可作为独立的教材使用，也可以作为理论教学书籍的有益补充，并且书中所涉及的大多数项目均来自课题组成员的工程实践，属于原创性知识产权。

2. 本书将尽量给出各主要设计任务的完整程序及电路，让学生们在学习及实践过程中获得有益的参考，同时在书的编写过程中，还会配备相应的电子课件以方便专业教师的教学工作。

3. 本书摈弃传统的设计理念，代之以一个个项目和模块，将整个理论体系进行有机的、覆盖性的分解后融入项目和模块的实现过程中。在每一个项目或模块的编写中，勾勒出本项目所涉及的理论基础，以方便教师组织学生进行必要的理论准备，且所有的项目均秉承由简入深的原则，通过渐进的学习逐步地拓宽学生的知识面。

4. 本书制作的项目具有独立性与延展性，从而为实施项目化教学奠定基础。书中设计的每个制作项目自成一体，具有相对的独立性，但每个项目之间又互相联系，即每个项目按照标准化、格式化的要求编写，前面编写的程序可以直接为后面的项目所用，后面的项目是前面项目的技术集成，通过选取前后不同项目的组合，以方便不同专业实施相应的项目化教学。

5. 本书主要以 C 语言形式给出各个示例的程序，只要学生们理解了各个模块的控制过程，完全可以通过汇编语言来实现各个模块的功能。

目 录

第一篇 基础理论篇

第二篇 系统开发与实战训练篇

第一篇　基础理论篇

第一篇为基础理论篇，主要简明扼要地叙述了单片机的基础理论及软硬件资源，包括单片机的引脚功能及指令系统、定时器、中断、串口、存储器扩展等知识。

第一章 单片机基础理论及软硬件资源

1.1 单片机基本结构

单片机为工业测控而设计，又称微控制器，主要应用于工业检测与控制、计算机外设、智能仪器仪表、通信设备、家用电器等，特别适合于嵌入式微型机应用系统。

单片机主要具有如下特点：

(1) 有优异的性能价格比；(2) 集成度高、体积小、有很高的可靠性；(3) 控制功能强；(4) 单片机的系统扩展、系统配置较典型、规范，非常容易构成各种规模的应用系统。

世界上一些著名的半导体器件厂家，如 Intel、Motorola、Philips 等都是常用单片机系列的生产厂家，目前，在众多厂家生产的通用型单片机里，以 Intel 公司的 MCS 系列单片机最为著名。Intel 公司的单片机在市场上占有量为 67%，其中 MCS－51 系列产品又占 54%。因此，本书主要以 MCS－51 系列产品为主线展开研究。

MCS－51 系列单片机的典型产品为 8051，8751，8031。它们的基本组成和基本性能都是相同的。

8051 是 ROM 型单片机，内部有 4 KB 的掩膜 ROM，即单片机出厂时，程序已由生产厂家固化在程序存储器中；8751 片内含有 4 KB 的 EPROM，用户可以把编好的程序用开发机或编程器写入其中，需要修改时，可以先用紫外线擦除器擦除，然后再写入新的程序；8031 片内没有 ROM，使用时需外接 EPROM。除此以外，8051，8751 和 8031 的内部结构是完全相同的，都具有如下主要特性：

(1) 8 位 CPU；(2) 寻址 64 KB 的片外程序存储器；(3) 寻址 64 KB 的片外数据存储器；(4) 128 B 的片内数据存储器；(5) 32 根双向和可单独寻址的 I/O 线；(6) 采用高性能 HMOS 生产工艺生产；(7) 有布尔处理(位操作)能力；(8) 含基本指令 111 条；(9) 一个全双工的异步串行口；(10) 2 个 16 位定时/计数器；(11) 5 个中断源，2 个中断优先级；(12) 有片内时钟振荡器。

1.1.1 MCS－51 单片机的内部基本结构

计算机的体系结构仍然没能突破由计算机的开拓者，数学家约翰・冯・诺依曼最先提出来的经典体系结构框架，即一台计算机是由运算器、控制器、存储器、输入设备以及输出设备共五个基本组成部分组成的。微型机是这样的，单片机也不例外，只是运算器、控制器、少量的存储器、基本的输入/输出口电路、串行口电路、中断和定时电路等都集成在一个尺寸有限的芯片上。其系统结构框图如图 1－1 所示。

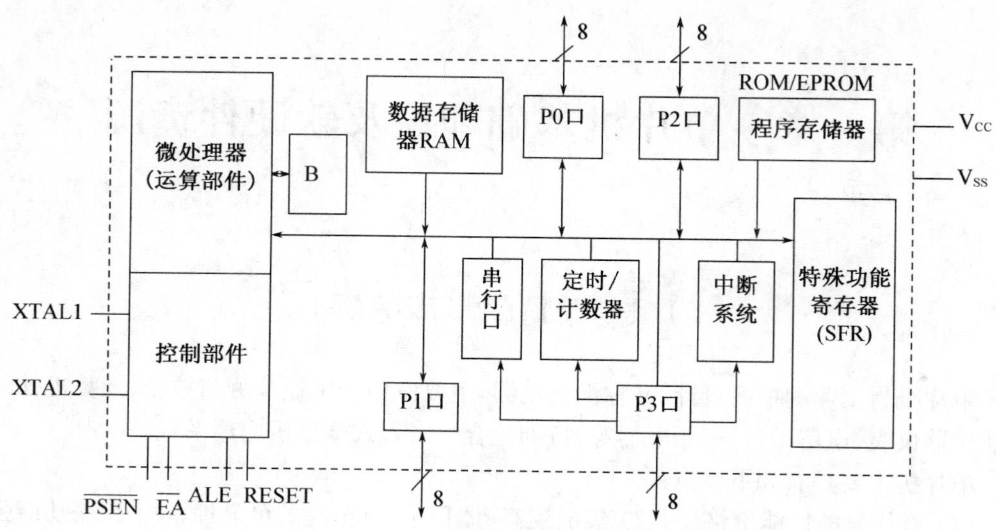

图 1－1　MCS－51 单片机系统结构框图

下面分别介绍：

1. 中央处理器(CPU)

中央处理器简称 CPU，是单片机的核心，完成运算和控制操作。按其功能，中央处理器包括运算器和控制器两部分电路。

(1) 运算器电路。运算器电路是单片机的运算部件，用于实现算术和逻辑运算。

(2) 控制电路。控制电路是单片机的指挥控制部件，保证单片机各部分能协调地工作。单片机执行指令是在控制电路的控制下进行的。

2. 内部数据存储器

实际上 MCS－51 中的 8051 芯片中共有 256 个 RAM 单元，但其中的后 128 个单元被专用寄存器占用，供用户使用的只是前 128 个单元，用于存放可读写的数据，因此，通常所说的内部数据存储器是指 128 个单元，简称"内部 RAM"。

3. 程序存储器

MCS－51 中的 8051 芯片共有 4 KB 掩膜 ROM，用于存放程序和原始数据，因此，称为程序存储器，简称"内部 ROM"。

4. 定时器/计数器

MCS－51 共有两个 16 位的定时器/计数器，以实现定时或计数功能，并以其定时或计数结果对单片机进行控制。

5. 并行 I/O 口

MCS－51 共有 4 个 8 位的 I/O 口(P0，P1，P2，P3)，以实现数据的并行输入输出。

6. 串行口

MCS－51 单片机有一个全双工的串行口，以实现单片机和其他数据设备之间的串行数据传送。该串行口功能较强，既可作为全双工异步通信收发器使用，也可作为同步移位器使用。

7. 中断控制系统

MCS－51 单片机的中断功能较强，共有 5 个中断源，即外中断 2 个、定时/计数中断 2 个、串行中断 1 个。全部中断分为高级和低级共两个优先级别。

8. 时钟电路

MCS－51 芯片的内部有时钟电路，但石英晶振和微调电容需外接，时钟电路为单片机产生时钟脉冲序列，典型的晶振频率为 12 MHz。

9. 位处理器

单片机主要用于控制，需要有较强的位处理功能，因此，位处理器是它的必要组成部分，在一些书中常把位处理器称为布尔处理器。

10. 总线

上述这些部件都是通过总线连接起来，构成一个完整的单片机系统，其地址信号、数据信号和控制信号都是通过总线传送的。

1.1.2　MCS－51 单片机的引脚功能

MCS－51 系列单片机封装方式有 5 种：40 脚双列直插式（DIP 封装）方式、44 脚方形封装方式、48 脚 DIP 封装、52 脚方形封装方式、68 脚方形封装方式。

其中，40 脚双列直插式（DIP 封装）方式和 44 脚方形封装方式为基本封装方式，8051，8031，8052AH，8032AH，8752BH，8051AH，8031AH，8751AH，80C51BH，80C31BH，87C51 等都属于这两种封装形式。这两种封装形式的引脚完全一样，所不同的是排列不一样，方形封装芯片的 4 个边的中心位置为空脚（依次为 1 脚，12 脚，23 脚，34 脚），左上角为标志脚，上方中心位置为 1 脚，其他引脚逆时针依次排列。图 1－2 为 MCS－51 系列单片机的引脚图（40 脚 DIP 封装）。下面简述各个引脚的功能。

8031 / 8051 / 8751

引脚名	脚号	脚号	引脚名
P1.0	1	40	V_{CC}
P1.1	2	39	P0.0
P1.2	3	38	P0.1
P1.3	4	37	P0.2
P1.4	5	36	P0.3
P1.5	6	35	P0.4
P1.6	7	34	P0.5
P1.7	8	33	P0.6
RST/VPD	9	32	P0.7
RXD/P3.0	10	31	$\overline{EA}/V_{PP}$
TXD/P3.1	11	30	ALE/$\overline{PROG}$
$\overline{INT0}$/P3.2	12	29	$\overline{PSEN}$
$\overline{INT1}$/P3.3	13	28	P2.7
T0/P3.4	14	27	P2.6
T1/P3.5	15	26	P2.5
$\overline{WR}$/P3.6	16	25	P2.4
$\overline{RD}$/P3.7	17	24	P2.3
XTAL2	18	23	P2.2
XTAL1	19	22	P2.1
V_{SS}	20	21	P2.0

图 1－2　MCS－51 系列单片机芯片引脚图

基本信号和引脚介绍：

1. 电源引脚 V_{SS}和 V_{CC}

V_{SS}：接地。

V_{CC}：正常操作及对 EPROM 编程和验证时接+5 V 电源。

2. 外接晶振引脚 XTAL1 和 XTAL2

当使用芯片内部时钟时，此两引线端用于外接石英晶振和微调电容；当使用外部时钟时，用于接外部时钟脉冲信号。其中：

XTAL1：外接晶振的一端。在单片机内部，它是一个反向放大器的输入端，这个放大器构成了片内振荡器。当采用外部振荡器时，对于 HMOS 单片机，此引脚应接地；对于 CHMOS 单片机，此引脚作为驱动端。

XTAL2：接外部晶振的另一端。在单片机内部，接至上述反向放大器的输出端。当采用外部振荡器时，对于 HMOS 单片机，此引脚接收振荡器信号，即把此信号直接接到内部时钟发生器的输入端；对于 CHMOS 单片机，此引脚应悬浮。

3. 复位信号 RST/VPD

当该引脚上出现两个机器周期以上的高电平，将使单片机复位；V_{CC}掉电期间，此引脚可接备用电源，以保持内部 RAM 的数据不丢失；当 V_{CC}低于规定水平，而 VPD 在其规定的电压范围内(5±0.5 V)内，VPD 向内部 RAM 提供备用电源。

4. 地址锁存控制信号 ALE/$\overline{\text{PROG}}$

在系统扩展时，ALE 用于控制把 P0 口输出的低 8 位地址送入锁存器锁存起来，以实现低位地址和数据的分时传送。即使在不访问外部存储器时，ALE 仍以不变的频率周期性地出现正脉冲信号，此频率为六分之一晶振频率，因此，可作为外部时钟或外部定时脉冲使用。每当访问外部数据存储器时，将跳过一个 ALE 脉冲，以(1/12) f_{osc} 频率输出 ALE 脉冲。

5. 外部程序存储器读选通信号$\overline{\text{PSEN}}$

在外部程序存储器取指令(或常数)期间，每一个机器周期此信号两次有效，以实现外部 ROM 单元的读操作。每当访问外部数据存储器时，这两次有效的信号将不出现。

6. 访问程序存储器控制信号$\overline{\text{EA}}$/V_{PP}

当$\overline{\text{EA}}$为低电平时，CPU 仅执行外部程序存储器中的程序(对于 8031，由于其内部无程序存储器，$\overline{\text{EA}}$必须接地，才能只选择外部程序存储器)。当$\overline{\text{EA}}$为高电平时，CPU 先执行内部程序存储器中的程序，当 PC(程序计数器)值超过 OFFFH(对 8051/8751/80C51)或 1FFFH(对 8052)时，将自动转向执行外部程序存储器中的程序。

7. 输入/输出口线

P0 口(P0.0～P0.7)：8 位双向并行 I/O，负载能力为 8 个 LSTTL，没有内部上拉电路，所以在输出时，需要另接上拉电路。当访问外部存储器时，它是个复用总线，既作为数据总线 D0～D7，也作为地址总线的低 8 位(A0～A7)，当对 EPROM 编程和程序校验时，则输入和输出指令字节。

P1 口(P1.0～P1.7)：带有内部上拉电阻的 8 位双向 I/O 口。当 EPROM 编程和程序验证时，它接收低 8 位地址，能驱动 4 个 LSTTL 输入。

P2 口(P2.0～P2.7):是个带有内部上拉电阻的 8 位双向 I/O 口。在访问外部存储器时,它送出高 8 位地址。在对 EPROM 编程和程序验证时,它接收高 8 位地址。它能驱动 4 个 LSTTL 输入。

P3 口(P3.0～P3.7):带有内部上拉电阻的 8 位双向 I/O 口。在 MCS-51 单片机中,这 8 个引脚都有各自的第二功能。

由于 MCS-51 系列单片机芯片的引脚数目是有限的,为实现其功能所需要的信号数目却远远超过此数,因此,给一些信号引脚赋予双重功能。如果我们把前述的信号定义为引脚第一功能的话,则根据需要再定义的信号就是它的第二功能。第二功能信号定义主要集中在 P3 口线中,常见的第二功能信号如下。

P3 的 8 条口线都定义有第二功能,详见表 1-1 所示。

表 1-1　P3 口线的第二功能

口线	第二功能	信号名称
P3.0	RXD	串行数据接收端
P3.1	TXD	串行数据发送端
P3.2	$\overline{\text{INT0}}$	外部中断 0 申请输入端
P3.3	$\overline{\text{INT1}}$	外部中断 1 申请输入端
P3.4	T0	定时器/计数器 0 计数输入
P3.5	T1	定时器/计数器 1 计数输入
P3.6	$\overline{\text{WR}}$	外部 RAM 写选通
P3.7	$\overline{\text{RD}}$	外部 RAM 读选通

1.1.3　MCS-51 单片机的主要组成部分——存储器及 I/O 口

MCS-51 系列单片机由中央处理器、存储器和 I/O 口组成,在此重点介绍存储器和 I/O 口。

一、存储器

51 系列单片机在物理上有 4 个存储空间:片内程序存储器(4 KB)、片外程序存储器(扩展 64 KB)、片内数据存储器(256 B)、片外数据存储器(扩展 64 KB)。其中,64 KB 的程序存储器中,有 4 KB 地址对于片内程序存储器和片外程序存储器是公共的,这 4 KB 的地址为 0000H～0FFFH,1000H～FFFFH 是外部程序存储器的地址,也就是说这 4 KB 内部程序存储器的地址是 0000H～0FFFH,64 KB 外部程序存储器的地址是 0000H～FFFFH。256 B 的片内数据存储器地址是 00H～FFH(8 位地址),而 64 KB 外部数据存储器的地址是 0000H～FFFFH。下面分别叙述程序存储器和数据存储器的配置。

1. 程序存储器

程序存储器用于存放编好的程序、表格和常数。CPU 的控制器专门提供一个控制信号$\overline{\text{EA}}$来区别内部 ROM 和外部 ROM 的公共地址区 0000H～0FFFH。当$\overline{\text{EA}}$为高电平时,CPU 先执行内部程序存储器中的程序,当 PC(程序计数器)值超过 0FFFH(对 8051/8751/80C51),CPU 将自动转向执行外部程序存储器中的程序;当$\overline{EA}$为低电平时,CPU 仅执行外部程序存储器中的程序,从 0000H 单元开始(对于 8031,由于其内部无程序存储器,$\overline{EA}$必须接地,才能只选择外部程序存储器)。

在程序存储器中有一组特殊的单元,使用时应特别注意,其中,0000H～0002H 是系统的启动单元。0003H～002AH 共 40 个单元被均匀地分为五段,每段 8 个单元,分别为五个中断源的中断服务入口区。使用 C51 进行编程时,编译器根据 C51 中的中断函数定义时中断号的使用情况,自动编译成相应的程序代码填入相应的服务入口区。具体划分为:

➢0003H～000AH 外部中断 0 中断地址区,0003H 为外部中断 0(中断号 0)入口;

➢000BH～0012H 定时/计数器 0 中断地址区,000BH 为定时/计数器 0(中断号 1)入口;

➢0013H～001AH 外部中断 1 中断地址区,0013H 为外部中断 1(中断号 2)入口;

➢001BH～0022H 定时/计数器 1 中断地址区,001BH 为定时/计数器 1(中断号 3)入口;

➢0023H～002AH 串行中断地址区,0023H 为串行中断(中断号 4)入口。

中断响应后,系统能按中断种类,自动转到各服务入口区的首地址去执行程序。一般也是从服务入口区首地址开始存放一条无条件转移指令,以便中断响应后,通过服务入口区,再转到中断服务程序的实际入口地址去,即中断函数所在位置。

2. 数据存储器

数据存储器分为内外两部分,8051 片内有 256 个单元的 RAM,片外有 64 KB 的 RAM,内外 RAM 地址有重叠。其中,通常把这 256 个单元按其功能划分为两部分:低 128 单元(单元地址 00H～7FH)和高 128 单元(单元地址 80H～FFH)。

其中,低 128 单元是单片机中供用户使用的数据存储器单元,我们称之为内部 RAM 的存储器,其应用最为灵活,可用于暂存运算结果及标志位等,使用 C 语言编程时,通过指定不同的存储区域定义数据变量来使用不同的数据存储器,按用途可把低 128 单元划分为 3 个区域。

(1) 工作寄存器区(C51 中编译器根据需要使用)。

地址:占据内部 RAM 的 00H～1FH 单元地址,内部 RAM 的前 32 个单元。

用途:作为寄存器使用,共分为 4 组,每组有 8 个寄存器,组号依次为 0,1,2,3。每个寄存器都是 8 位,在组中按 R7～R0 编号。

寄存器作用:寄存器常用于存放操作数及中间结果等,由于它们的功能及使用不做预先规定,因此,称为通用寄存器,有时也叫工作寄存器。

当前寄存器组:在任一时刻,CPU 只能使用其中的一组寄存器,并且把正在使用的那组寄存器称为当前寄存器组。到底是哪一组,由程序状态字寄存器 PSW 中 RS1,RS0 位的状态组合来决定。

通用寄存器有两种使用方法:一种是以寄存器的形式使用,用寄存器符号表示;另一种是以存储单元的形式使用,以单元地址表示。

通用寄存器为 CPU 提供了数据就近存取的便利，有利于提高单片机的处理速度。因此，在 MCS - 51 中使用通用寄存器的指令特别多，又多为单字节的指令，执行速度最快。

(2) 位寻址区。

地址：内部 RAM 的 20H～2FH 单元，既可作为一般 RAM 单元使用，进行字节操作，也可以对单元中的每一位进行位操作，因此，称该区为位寻址区。

位地址：位寻址区共有 16 个 RAM 单元，总计 128 位，位地址为 00H～7FH。

作用：位寻址区是为位操作而准备的，是 MCS - 51 位处理器的数据存储空间，其中的所有位均可以直接寻址。表 1 - 2 为位寻址区的位地址表。

表 1 - 2　内部 RAM 位寻址区的位地址

单元地址	MSB→			位地址				→LSB
2FH	7FH	7EH	7DH	7CH	7BH	7AH	79H	78H
2EH	77H	76H	75H	74H	73H	72H	71H	70H
2DH	6FH	6EH	6DH	6CH	6BH	6AH	69H	68H
2CH	67H	66H	65H	64H	63H	62H	61H	60H
2BH	5FH	5EH	5DH	5CH	5BH	5AH	59H	58H
2AH	57H	56H	55H	54H	53H	52H	51H	50H
29H	4FH	4EH	4DH	4CH	4BH	4AH	49H	48H
28H	47H	46H	45H	44H	43H	42H	41H	40H
27H	3FH	3EH	3DH	3CH	3BH	3AH	39H	38H
26H	37H	36H	35H	34H	33H	32H	31H	30H
25H	2FH	2EH	2DH	2CH	2BH	2AH	29H	28H
24H	27H	26H	25H	24H	23H	22H	21H	20H
23H	1FH	1EH	1DH	1CH	1BH	1AH	19H	18H
22H	17H	16H	15H	14H	13H	12H	11H	10H
21H	0FH	0EH	0DH	0CH	0BH	0AH	09H	08H
20H	07H	06H	05H	04H	03H	02H	01H	00H

其中：MSB——最高位有效位；

LSB——最低有效位。

(3) 用户 RAM 区。

地址：这就是供用户使用的一般 RAM 区，其单元地址为 30H～7FH。

作用：存储以字节为单位的数据，如随机数据及运算的中间结果，而且在一般应用中常把堆栈开辟在此区中。

除了以上低 128 单元划分的 3 个区域，片内 RAM 还有高 128 单元。

内部数据存储器的高 128 单元是为特殊功能寄存器(SFR)提供的，因此，称之为特殊功能寄存器区，其单元地址为 80H～FFH，用于存放相应功能部件的控制命令、状态或数据。8051 内部有 21 个特殊功能寄存器，现对其进行简单介绍，以后章节中也会陆续对其进行说明。

(1) 程序计数器(PC)(C51 中编译器根据需要使用)。PC 是一个 16 位的计数器。其内容为将要执行的指令地址，寻址范围达 64 KB。PC 有自动加 1 功能，以实现程序的顺序执行。PC 没有地址，是不可寻址的，因此，用户无法对它进行读写，但在执行转移、调用、返回等指令时能自动改变其内容，以改变程序的执行顺序。

(2) 累加器 A(或 ACC)(C51 中编译器根据需要使用)。累加器为 8 位寄存器，是程序中最常用的专用寄存器，功能较多，地位重要，用于存放操作数和运算的中间结果，是数据传送的中转站，单片机中的大部分数据传送都通过累加器进行。

在变址寻址方式中把累加器作为变址寄存器使用。

(3) B 寄存器(C51 中编译器根据需要使用)。B 寄存器是一个 8 位寄存器，主要用于乘除运算。乘法时，B 中存放乘数，乘法操作后，乘积的高 8 位存于 B 中；除法时，B 中存放除数，除法操作后，B 中存放余数。此外，B 寄存器也可作为一般数据寄存器使用。

(4) 程序状态字寄存器(PSW)(C51 中编译器根据需要使用)。程序状态字寄存器是一个 8 位寄存器，用于寄存指令执行的状态信息。其中有些位状态是根据指令性执行结果，由硬件自动设置的，而有些位状态则是使用软件方法设定的。一些条件转移指令将根据 PSW 中有关位的状态来进行程序转移。

PSW 的各位定义见表 1-3 所示。

表 1-3　PSW 的各位定义

位序	D7	D6	D5	D4	D3	D2	D1	D0
位标志	CY	AC	F0	RS1	RS0	OV	/	P

除 PSW.1 位保留未用外，对其余各位的定义及使用介绍如下：

➢CY 或 C——进位标志位。

其功能有二：一是存放算术运算的进位标志，即在加减运算中，当有第 8 位向高位进位或借位时，CY 由硬件置位，否则 CY 位被清零；二是用于位操作。

➢AC——辅助进位标志位。

在加减运算中，当有低 4 位向高 4 位进位或借位时，AC 由硬件置位，否则 AC 位被清零。CPU 根据 AC 标志对 BCD 码的算术运算结果进行调整。

➢F0——用户标志位。

这是一个由用户定义使用的标志位，用户根据需要用软件方法置位或复位(C51 中可以根据需要编程使用)。

➢RS1 和 RS0——寄存器组选择位。

用于设定当前通用寄存器的组号，其对应关系见表 1-4 所示。

表 1-4 通用寄存器的组号设定

RS1 RS0	寄存器组	R0～R7 地址
00	组 0	00～07H
01	组 1	08～0FH
10	组 2	10～17H
11	组 3	18～1FH

这两个选择位的状态是由软件设置的，被选中的寄存器即为当前通用寄存器组。

➢OV——溢出标志。

在带符号数的加减法运算中，OV＝1 表示加减运算结果超出了累加器 A 所能表示的符号数有效范围(—128～＋127)，即产生了溢出，因此，运算结果是错误的；反之，OV＝0，表示运算正确，即无溢出产生。

在无符号乘法运算中，OV＝1 表示乘积超过 255，即乘积分别在 B 与 A 中；反之，OV＝0，表示乘积只在 A 中。

在无符号除法运算中，OV＝1 表示除数为 0，除法不能进行；反之，OV＝0，除数不为 0，除法可以正常进行。

➢P——奇偶标志。

表明累加器 A 中 1 的个数的奇偶性，要每个指令周期由硬件根据 A 的内容对 P 位进行置位或复位。若 1 的个数为偶数，P＝0；若 1 的个数为奇数，P＝1。

(5) 数据指针(DPTR)(C51 中编译器根据需要使用)。数据指针为 16 位寄存器，它是 MCS-51 中唯一一个供用户使用的 16 位寄存器。DPTR 的使用比较灵活，它既可以按 16 位寄存器使用，也可以作为两个 8 位的寄存器使用，即：

➢DPH——DPTR 高位字节。

➢DPL——DPTR 低位字节。

DPTR 在访问外部数据寄存器时作地址指针使用，由于外部数据存储器的寻址范围为 64 KB，故把 DPTR 设计为 16 位。此外，在变址方式中，用 DPTR 作基址寄存器，用于对程序存储器的访问。

◎ 专用寄存器的字节寻址。如上所述，MCS-51 的专用寄存器中，有 21 个是可寻址的。这些可寻址寄存器的名称、符号及地址列于表 1-5 中。

表 1-5 MCS-51 专用寄存器一览表

寄存器	寄存器地址	寄存器名称
* ACC	0E0H	累加器
* B	0F0H	B 寄存器
* PSW	0D0H	程序状态字
SP	81H	堆栈指示器
DPL	82H	数据指针低 8 位

（续表）

寄存器	寄存器地址	寄存器名称
DPH	83H	数据指针高 8 位
* IE	0A8H	中断允许控制寄存器
* IP	0D8H	中断优先控制寄存器
* P0	80H	I/O 口 0
* P1	90H	I/O 口 1
* P2	0A0H	I/O 口 2
* P3	0B0H	I/O 口 3
PCON	87H	电源控制及波特率选择寄存器
* SCON	98H	串行口控制寄存器
SBUF	99H	串行数据缓冲寄存器
* TCON	88H	定时器控制寄存器
TMOD	89H	定时器方式选择寄存器
TL0	8AH	定时器 0 低 8 位
TL1	8BH	定时器 1 低 8 位
TH0	8CH	定时器 0 高 8 位
TH1	8DH	定时器 1 高 8 位

对专用寄存器的字节寻址问题注意事项：

➢21 个可寻址的专用寄存器是不连续地分散在内部 RAM 高 128 单元之中。尽管还剩余许多空闲单元，但用户并不能使用。如果访问了这些没有定义的单元，读出的为不定数，而写入的数将被舍弃。

➢在专用寄存器中，唯一一个不可寻址的专用寄存器就是程序计数器 PC。PC 在物理上是独立的，不占据 RAM 单元，因此是不可寻址的寄存器。

➢对专用寄存器在指令中既可使用寄存器符号表示，也可使用寄存器地址表示。

◎ 专用寄存器的位寻址。在 21 个可寻址的专用寄存器中，有 11 个寄存器是可以位寻址的，即表 1－5 中在寄存器符号前打星号（ * ）的寄存器。

专用寄存器的可寻址位加上位寻址区的 128 个通用位，构成了 MCS－51 位处理器的整个数据位存储器空间。

下面再把各专用寄存器的位地址/位名称列于表 1－6 中。

表 1－6　专用寄存器位地址表

寄存器符号	MSB→			位地址/位名称				→LSB
B	0F7H	0F6H	0F5H	0F4H	0F3H	0F2H	0F1H	0F0H
ACC	0E7H	0E6H	0E5H	0E4H	0E3H	0E2H	0E1H	0E0H

（续表）

寄存器符号	MSB→ 位地址/位名称 →LSB							
PSW	0D7H	0D6H	0D5H	0D4H	0D3H	0D2H	0D1H	0D0H
	CY	AC	F0	RS1	RS0	OV	/	P
IP	0BFH	0BEH	0BDH	0BCH	0BBH	0BAH	0B9H	0B8H
	/	/	/	PS	PT1	PX1	PT0	PX0
P3	0B7H	0B6H	0B5H	0B4H	0B3H	0B2H	0B1H	0B0H
	P3. 7	P3. 6	P3. 5	P3. 4	P3. 3	P3. 2	P3. 2	P3. 1
IE	0AFH	0AEH	0ADH	0ACH	0ABH	0AAH	0A9H	0A8H
	EA	/	/	ES	ET1	EX1	ET0	EX0
P2	0A7H	0A6H	0A5H	0A4H	0A3H	0A2H	0A1H	0A0H
	P2. 7	P2. 6	P25.	P2. 4	P2. 3	P2. 2	P2. 1	P2. 0
SCON	9FH	9EH	9DH	9CH	9BH	9AH	99H	98H
	SM0	SM1	SM2	REN	TB8	RB8	TI	RI
P1	97H	96H	95H	94H	93H	92H	91H	90H
	P1. 7	P1. 6	P1. 5	P1. 4	P1. 3	P1. 2	P1. 1	P1. 0
TCON	8FH	8EH	8DH	8CH	8BH	8AH	89H	88H
	TF1	TR1	TF0	TR0	IE1	IT1	IE0	IT0
P0	87H	86H	85H	84H	83H	82H	81H	80H
	P0. 7	P0. 6	P0. 5	P0. 4	P0. 3	P0. 2	P0. 1	P0. 0

堆栈也是片内 RAM 的一个区域，是一种数据结构，所谓堆栈就是只允许在其一端进行数据插入和数据删除操作的线性表。数据写入堆栈称为插入运算（PUSH），也叫入栈。数据从堆栈中读出，称为删除运算（POP），也叫出栈。堆栈的最大特点就是“后进先出”的数据操作规则，常把后进先出的写为 LIFO（Last-In First-Out）。

➢堆栈的功用：堆栈主要为子程序调用和中断操作而设立的。其具体功能有两个：保护断点和保护现场。

➢堆栈的开辟：鉴于单片机的单片特点，堆栈只能开辟在芯片的内部数据存储器中，即所谓的内堆栈形式，MCS－51 当然也不例外。内堆栈的主要优点是操作速度快，但堆栈容量有限。

➢堆栈指示器：不论是数据进栈还是数据出栈，都是对堆栈的栈顶单元进行的，即对栈顶单元的写和读操作。为了指示栈顶地址，所以要设置堆栈指示器 SP（Stack Pointer），SP 的内容就是一个 8 位寄存器，实际上 SP 就是专用寄存器的一员（C51 中编译器根据需要使用）。

系统复位后，SP 的内容为 07H，但由于堆栈最好在内部 RAM 的 30H～7FH 单元中开辟，所以在程序设计时应注意把 SP 值初始化为 30H 以后的单元，以免占用宝贵的寄存器区和位寻址区。

➤堆栈类型:堆栈可有两种类型,包括向上生长型和向下生长型。向上生长型堆栈,栈底在低地址单元,随着数据进栈,地址递增,SP 的内容越来越大,指针上移,反之,随着数据的出栈,地址递减,SP 的内容越来越小,指针下移。MCS－51 属向上生长型堆栈,这种堆栈的操作规则如下:进栈操作时,先 SP 加 1,后写入数据,出栈操作时,先读出数据,后 SP 减 1。

➤堆栈使用方式:堆栈的使用有两种方式。一种是自动方式,即在调用子程序或中断时,返回地址(断点)自动进栈,程序返回时,断点再自动弹回 PC,这种堆栈操作无需用户干预,因此称为自动方式;另一种是指令方式,即使用专用的堆栈操作指令,进行进出栈操作(C51 中编译器根据需要自动生成相应入栈和出栈指令)。

二、并行 I/O

单片机芯片内还有一项重要内容就是并行 I/O 口电路。MCS－51 共有 4 个 8 位的并行双向 I/O 口,分别记作 P0、P1、P2、P3,实际上它们已被归入专用寄存器之列。这 4 个口除了按字节寻址之外,还可以按位寻址,4 个口合在一起共有 32 位。MCS－51 的 4 个口在电路结构上是基本相同的,但它们又各具特点,因此,在功能和使用上各口之间有一定的差异。

1. P0 口

P0 口有两个用途,第一是作为普通 I/O 口使用,第二是作为地址/数据总线使用。当用作第二个用途时,在这个口上分时送出低 8 位地址和传送数据。这种地址与数据同用一个 I/O 口的方式,称为地址/数据总线。P0 口的字节地址为 80H,位地址为 80H～87H。当 P0 口作为普通 I/O 口使用时,如果 P0 口作为输出口(作控制线)使用时,由于输出电路是漏极开路电路,必须外接上拉电阻才能有高电平输出。当 P0 端口作为 I/O 口输入时,必须先向锁存器写"1",使 P0 端口处于悬浮状态,变成高阻抗,以避免锁存器为"0"的状态时对引脚读入的干扰。这一点对 P1 端口、P2 端口、P3 端口同样适用。

2. P1 口

P1 口字节地址为 90H,位地址为 90H～97H。P1 口只能作为通用 I/O 口(控制线)使用。

P1 口的驱动部分与 P0 口不同,内部有上拉电阻。

3. P2 口

P2 口也有两种用途,一是作为普通 I/O 口,二是作为高 8 位地址线。P2 口的字节地址为 0A0H,位地址为 0A0H～0A7H。实际应用中,P2 口用于为系统提供高位地址。P2 口也是一个准双向口。

4. P3 口

P3 口的字节地址为 0B0H,位地址为 0B0H～0B7H。P3 口可以作为通用 I/O 口使用,实际应用中多用它的第二功能,在不使用它的第二功能时才能用作通用 I/O 口。

1.2 MCS－51单片机C语言程序设计相关知识介绍

Keil的C51完全支持C的标准指令和很多用来优化8051指令结构的C的扩展指令。我们重点讲解一些和MCS－51单片机硬件相关的内容以及与标准C有区别的相关内容。

1.2.1 C51的数据类型

Keil C有ANSI C的所有标准数据类型，除此之外，为了更好地利用8051的结构，还加入了一些特殊的数据类型，表1－7显示了标准数据类型在8051中占据的字节数，其中，整型和长整型的符号位字节在最低的地址中。除了标准数据类型外，编译器还支持一种位数据类型，一个位变量存在于内部RAM的可位寻址区中，可像操作其他变量那样对位变量进行操作。

表1－7 C51的数据类型

数据类型	长 度	值域范围
bit	1 bit	0,1
sbit	1 bit	0,1
unsigned char	1 byte	0～255
signed char	1 byte	－128～127
sfr	1 byte	0～255
unsigned int	2 byte	0～65 536
signed int	2 byte	－32 768～32 767
sfr16	2 byte	0～65 536
*	1～3 byte	对象的地址
unsigned long	4 byte	0～4 294 967 295
signed long	4 byte	－2 147 483 648～2 147 483 647
float	4 byte	＋1.175494E－38～＋3.402823E＋38

在上表中，特殊功能寄存器用sfr来定义，而sfr16则用来定义16位的特殊功能寄存器，如DPTR通过名字或地址来引用特殊功能寄存器，地址必须高于80H。可位寻址的特殊功能寄存器的位变量定义用关键字sbit。对于大多数8051成员，Keil提供了一个包含了所有特殊功能寄存器和位定义的头文件，如REG51.H(不同类型的CPU使用的头文件不同)，通过包含的头文件可以很容易进行新的扩展。

1.2.2 C51存储器类别

Keil允许使用者指定程序变量的存储区，使用者可以控制存储区的使用，编译器可识别以下存储区,并根据程序中使用的存储器类型关键字来确认数据存储器,以及将 C 语言指令翻译成相应的汇编语言指令序列。具体存储器类型见表 1-8 所示。

表 1-8 存储器类型

存储器类型	说 明
data	直接访问内部数据存储器(128 字节),访问速度最快
bdata	可位寻址内部数据存储器(16 字节),允许位与字节混合访问
idata	间接访问内部数据存储器(256 字节),允许访问全部 256 B 地址
pdata	分页访问外部数据存储器(256 字节),用 MOVX @Ri 指令访问
xdata	外部数据存储器(64 KB),用 MOVX @DPTR 指令访问
code	程序存储器(64 KB),用 MOVC @A+DPTR 指令访问

下面分别讲解各个数据存储区的使用方法和变量定义:

1. data 区

对 data 区的寻址是最快的,所以应该把使用频率高的变量放在 data 区。由于 data 空间有限,必须注意节省使用。data 区除了包含变量外,还包含了堆栈和寄存器组。data 区的声明程序如下:

```
unsigned char data system_status=0;
unsigned int data unit_id[2];
char data inp_string[16];
float data outp_value;
mytype data new_var;
```

标准变量和用户自定义变量都可存储在 data 区中,只要不超过 data 区的范围。因为 C51 使用默认的寄存器组来传递参数,至少需要 8 个字节。另外,要定义足够大的堆栈空间,当内部堆栈溢出时,程序会莫名其妙地复位,实际原因是 8051 系列微处理器没有硬件报错机制,堆栈溢出只能以这种方式表示出来。

2. bdata 区

在 bdata 区的位寻址区定义变量,这个变量就可进行位寻址。下面是一些在 bdata 段中声明变量和使用位变量的例子:

```
unsigned char bdata status_byte;  //在位寻址区定义字节变量
unsigned int bdata status_word;  //在位寻址区定义字变量
unsigned long bdata status_dword;  //在位寻址区定义双字变量
sbit stat_flag=status_byte^4;  //定义为变量
if(status_word^15){
…
}
stat_flag=1;
```

编译器不允许在 bdata 段中定义 float 和 double 类型的变量。

3. idata 区

idata 区也可存放使用比较频繁的变量,使用寄存器作为指针进行寻址。在寄存器中设置 8 位地址,进行间接寻址。与外部存储器寻址比较,指令执行周期和代码长度都比较短。如:

```
unsigned char idata system_status=0;
unsigned int idata unit_id[2];
char idata inp_string[16];
float idata outp_value;
```

4. pdata 和 xdata 区

在这两个段声明变量和在其他段的语法是一样的。pdata 段只有 256 个字节,一般是在外部只扩展了 256 以下字节的存储器时使用,指令中只给出 8 位地址信号,使用 R0 或 R1 进行间接寻址访问,而 xdata 段可达 65 536 个字节,由 DPTR 给出 16 位地址进行间接访问。下面是一些例子:

```
unsigned char xdata system_status=0;
unsigned int pdata unit_id[2];
char xdata inp_string[16];
float pdata outp_value;
```

对 pdata 和 xdata 的操作是相似的,对 pdata 段寻址只需要装入 8 位地址,而对 xdata 段寻址需装入 16 位地址。

5. code 区

代码段的数据是不可改变的,8051 的代码段不可重写,即只能存放常量。一般代码段中可存放数据表、跳转向量和状态表。下面是代码段的声明例子:

```
unsigned int code id[2]={1234,34};
unsigned char code str[16]={0x00, 0x01, 0x02, 0x03, 0x04, 0x05, 0x06, 0x07,0x08, 0x09,
0x10, 0x11, 0x12, 0x13, 0x14, 0x15};
```

1.2.3 指针

C51 提供一个 3 字节的通用存储器指针,即在定义指针的时候在“ * ”前不加存储器类型码,通用指针的头一个字节表明指针所指的存储区空间,另外两个字节存储 16 位偏移量。Keil 允许使用者规定指针指向的存储段,这种指针叫具体指针,即在定义指针的时候在“ * ”前加存储器类型码,具体指针所占字节数见表 1-9 所示,使用具体指针的好处是节省存储空间,编译器不用为存储器选择和决定正确的存储器操作指令,产生代码,这样就使代码更加简短,但必须保证指针不指向所声明存储区以外的地方,否则会产生错误。

下面是一些例子:

```
char * generic_ptr;通用指针
char data * xd_ptr;具体指针
```

表 1-9 指针存储

指针类型	占用字节数
通用指针	3
xdata 指针	2
code 指针	2
idata 指针	1
data 指针	1
pdata 指针	1

1.2.4 中断服务

8051 的中断系统十分重要，C51 能够用 C 语言来声明中断和编写中断服务程序（也可以用汇编语言来写）。中断服务函数主要通过使用 interrupt 关键字和中断号（0 到 34）来声明。中断号用来指导编译器跳转到本函数的中断入口指令存储的入口地址处。中断号与 IE 寄存器中的使能位的顺序相对应，具体见表 1-10 所示：

表 1-10 C 中的中断号

IE 寄存器中的使能位序号和 C 中的中断号	中断源
0	外部中断 0
1	定时器 0 溢出
2	外部中断 1
3	定时器 1 溢出
4	串行口中断

一个中断服务函数不能传递参数，没有返回值。对于状态寄存器、累加器 A、寄存器 B、数据指针 DPTR 和工作寄存器组 R0～R7，只要它们在中断服务函数中被用到，编译器在编译的时候会自动生成相应的入栈和出栈指令进行现场保护。C51 支持所有 5 个 8051/8052 标准中断，中断号从 0 到 4。

中断服务程序一般定义结构如下：

```
void timer0(void) interrupt 1 {
//具体服务代码
}
```

另外，中断服务函数在定义时可以指定使用的工作寄存器组。当指定中断函数的工作寄存器组时，保护工作寄存器的工作就自动被省略。方法是在定义中断服务函数时使用关键字 using 后跟一个 0 到 3 的数（对应 4 组工作寄存器）。当指定工作寄存器组时，默认工作寄存器组（一般为寄存器组 0）就不会被推入堆栈，为中断服务函数指定工作寄存器组的缺点是所有被中断服务函数调用的过程都必须使用同一个寄存器组，否则参数传递会发生错误。下面的例子给出定时器 1 中断服务程序，并使用寄存器组 1。

```
void timer0(void) interrupt 1 using 1{
//具体服务代码
}
```

1.2.5 使用C51编程时的注意事项

Keil的C51编译器能从C语言程序源代码中产生高度优化的代码，编程者在使用C51编程时注意事项如下：

1. 采用短变量

一个提高代码效率的最基本方式就是减小变量的长度，使用C语言编程时，编程者一般习惯于对循环控制变量使用int类型，对于只有8位处理能力、内部RAM只有128字节的MCS-51单片机来说是一种极大的浪费。因此，编程者需要仔细考虑所声明变量值的范围，然后选择合适的变量类型。一般的，经常使用的变量应为unsigned char类型，因为其只占用一个字节(8位数据宽度)。

2. 使用无符号类型

MCS-51不支持符号运算，编程时要考虑变量是否会用于负数场合，如果程序中不需要负数，那么变量应都定义成无符号类型。

3. 避免使用浮点数和指针

在8位计算机上使用32位浮点数是得不偿失的，所以如果要在系统中使用浮点数，可以通过提高数值数量级和使用整型运算来消除浮点运算。MCS-51处理char、int和long数据比处理double和float数据使用的机器指令要少得多，相应C51编译生成的代码要少得多，程序执行起来会更快。

如果编程者不得不在代码中加入浮点数和指针，那么，除了代码长度会增加，程序执行速度也会比较慢以外，当程序中使用浮点运算以及浮点指针进行数据处理时，还要禁止使用中断，在运算程序执行完之后再开中断。

4. 使用位变量

对于某些标志位应使用位变量而不是unsigned char类型变量，这将节省内存，而且位变量在单片机的内部RAM中，访问只需要一个处理周期。

5. 用局部变量代替全局变量

把变量定义成局部变量比全局变量更有效率，因为编译器为局部变量在内部存储区中分配存储空间，而为全局变量在外部存储区中分配存储空间，这会降低访问速度。

6. 为变量分配内部存储区

局部变量和全局变量可被定义在需要的存储区中，当把经常使用的变量放在内部RAM中时，可使程序速度得到提高。除此之外，还缩短了代码长度，因为外部存储区寻址指令代码长度相对要长一些，考虑到存储速度，按data、idata、pdata、xdata的顺序使用存储器，当然要记得留出足够的堆栈空间。

7. 使用特定指针

当程序中使用指针时，应指定指针指向的存储器区域，如xdata或code区，这样代码会更加紧凑，因为编译器不必生成指令去确定指针所指向的存储区和使用通用指针。

8. 使用调令

对于一些简单的操作，如变量循环位移，编译器提供了一些调令供用户使用。许多调令直接对应着汇编指令。所有这些调令都是再入函数，可在任何地方安全调用它们。

例如，与单字节循环位移指令 RL A 和 RR A 相对应的调令是_crol_（循环左移）和_cror_（循环右移）。如果需要对 int 或 long 类型的变量进行循环位移，调令将复杂一些，而且执行的时间会长一些。

在 C 中也提供了像汇编中 JBC 那样的调令(_testbit_)。如果参数位置位，将返回 1，否则将返回 0。这条调令在检查标志位时十分有用，而且使 C 的代码更具有可读性，且调令将直接转换成 JBC 指令。使用示例如下：

```
#include <instrins.h>
void serial_intr(void) interrupt 4 {
  if (! _testbit_(TI)) {          //是否是发送中断
    P0=1;                         //翻转 P0.0
    _nop_();                      //等待一个指令周期
    P0=0;
    ...
  }
  if (! _testbit_(RI)) {
    test=_cror_(SBUF, 1);         //将 SBUF 中的数据循环右移一位
    ...
  }
}
```

9. 使用宏替代函数

对于小段代码，像使能某些电路或从锁存器中读取数据，可通过使用宏来替代函数，使得程序有更好的可读性。可把代码定义在宏中，这样看上去更像函数。编译器在碰到宏时，按照事先定义的代码去替代宏。宏的名字应能够描述宏的操作，当需要改变宏时，只要修改宏定义。

```
#define led_on() {\
    led_state=LED_ON; \
    XBYTE[LED_CNTRL] = 0x01;}
#define led_off() {\
    led_state=LED_OFF; \
    XBYTE[LED_CNTRL] = 0x00;}
#define checkvalue(val) \
((val < MINVAL || val > MAXVAL) ? 0 : 1)
```

宏能够使得访问多层结构和数组更加容易，可以用宏来替代程序中经常使用的复杂语句，以减少打字工作量，且有更好的可读性和可维护性。

1.3 MCS－51单片机的定时/计数器

在单片机应用中，定时与计数的需求较多，为了使用方便并增加单片机的功能，就干脆把定时电路集成在芯片中，称之为定时器/计数器。定时/计数器是MCS－51单片机的重要功能模块之一，在检测、控制及智能仪器等应用中，常用定时器做实时时钟，实现定时检测、定时控制，还可用定时器产生脉冲，驱动步进电机一类的电气机械。其主要特性如下：

(1) 8031/8051/8751单片机有两个可编程的定时/计数器——定时/计数器0和定时/计数器1，可由程序选择作为定时器或作为计数器使用，定时时间和计数值可由程序设定。每个定时/计数器都具有四种工作方式，可用程序选择。

(2) 8032/8052有三个可编程的定时/计数器，增加了定时/计数器2。

MCS－51系列单片机的定时/计数器T0和T1的结构如图1－3所示。其中，定时/计数器T0由TH0和TL0构成，T1由TH1和TL1构成，TMOD用于控制确定各个定时/计数器的功能和工作模式，TCON用于控制T0和T1的启动和停止计数，也包含定时/计数器的状态。

定时/计数器T0和T1都是加法计数器，每输入一个脉冲，计数器就加1，当加到计数器为全1时，再输入一个脉冲，计数器就发生溢出。具体地说，在定时时，每个机器周期定时器加1；计数时，在外部事件相应输入脚(T0和T1)产生负跳变时，计数器加1。当定时/计数器的寄存器产生溢出时，由硬件置状态标志(TCON中的TF0和TF1)，表示定时时间到和计数值满，CPU可以查询该标志位，或者在定时中断允许的情况下，当该标志位置位时自动地向CPU提出中断请求。

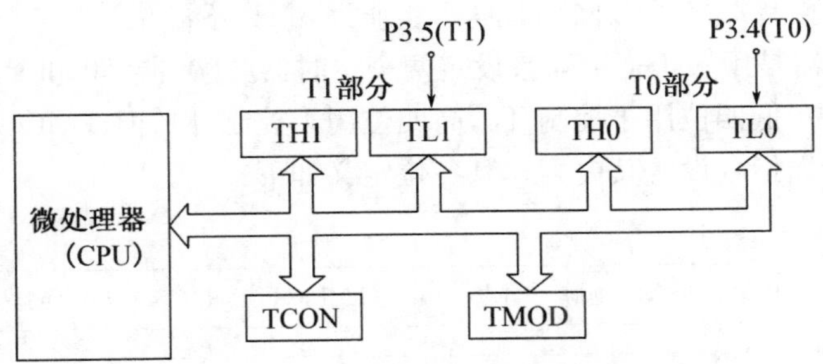

图1－3 定时/计数器的结构

1.3.1 定时/计数器的控制

一、定时/计数器的工作原理

T0和T1都具有定时和计数两种功能，在TMOD(定时器模式控制寄存器)中，有一个控制位($C/\overline{T}$)，分别用于选择T0和T1是工作在定时器方式，还是计数器方式，其中，计数功能是对外部事件进行计数。计数脉冲来自相应的外部输入引脚T0(P3.4)或T1(P3.5)。当输入信号发生由1至0的负跳变时，计数器(TH0，TL0或TH1，TL1)的值增

1；而定时功能则是通过计数实现的。计数脉冲来自内部时钟脉冲，每个机器周期计数值增1，每个机器周期等于12个振荡周期，因此，计数频率为振荡频率的1/12。计数值乘以机器周期就是定时时间。

二、定时/计数器的控制寄存器

与定时/计数器应用有关的控制寄存器有TMOD和TCON，它们用于控制和确定各个定时/计数器的功能和工作模式。

1. 定时器控制寄存器(TCON，字节地址为88H，位地址为88H～8FH)

该寄存器用于控制T0和T1的启、停，并给出相应的状态，在该寄存器中，有关定时的控制位只有4位，具体格式如下：

(MSB) (LSB)

TF1	TR1	TF0	TR0	IE1	IT1	IE0	IT0

TF0，TF1：分别为T0、T1的溢出标志位。

当该位为“1”时，表示相应计数器溢出(计满)，相反，则表示未溢出。它们由硬件自动置1，当使用查询方式时，此位做状态位查询，但注意当查询有效后，应以软件方式及时将该位清零；当使用中断方式时，此位做中断申请标志位，再转向中断服务，中断响应后，由硬件自动清零。

TR0，TR1：分别为T0、T1的运行控制位。

这两个位靠软件置位或清零，当GATE＝1时，TR0或TR1置1且$\overline{INT0}$或$\overline{INT1}$为高电平时，才允许相应的定时/计数器工作；当GATE＝0时，则只要TR0和TR1置1，相应定时/计数器就被选通。在TR0和TR1清零时，则定时器/计数器停止工作，此时与GATE无关。其余的位将在中断的有关内容中进行介绍。

2. 工作方式控制寄存器(TMOD，单元地址为89H，不能位寻址)

TMOD寄存器是用一个寄存器来设定两个定时器/计数器T0和T1的工作方式和4种工作模式。其中，低四位用于控制T0，高四位用于控制T1，但TMOD寄存器不能位寻址，只能用字节传送指令设置其内容。其各位定义如下：

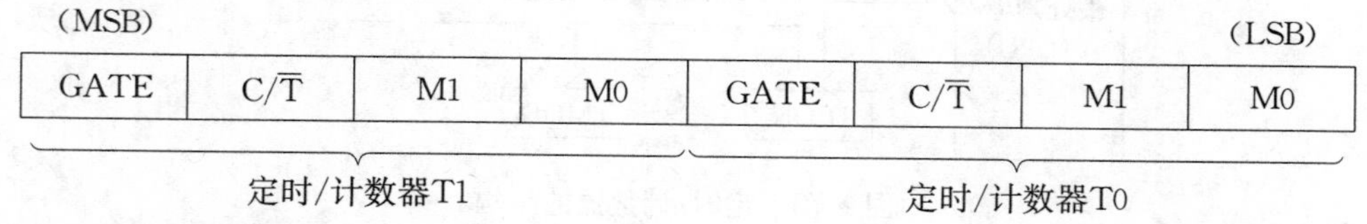

(MSB) (LSB)

GATE	C/$\overline{T}$	M1	M0	GATE	C/$\overline{T}$	M1	M0
定时/计数器T1				定时/计数器T0			

GATE：门控位。

当GATE＝1时，只有$\overline{INT0}$或$\overline{INT1}$为高电平且TR0或TR1置1时，相应的定时/计数器才被选通工作；当GATE＝0时，则只要TR0和TR1置1，定时/计数器就被选通，与$\overline{INT0}$或$\overline{INT1}$的引脚电平无关。

C/$\overline{T}$：定时方式或计数方式选择位。

C/$\overline{T}$＝0，设置为定时器方式，计数器的输入是内部时钟脉冲，其周期等于机器周期；C/$\overline{T}$＝1，设置为计数器方式，计数器输入来自T0(P3.4)或T1(P3.5)端的外部脉冲。

M1、M0位：工作方式选择位。

对应4种工作模式，见表1-11所示。

表1-11 定时/计数器工作方式

M1	M0	功能描述
0	0	方式0，TLX中的低5位与THX中的8位构成13位计数器
0	1	方式1，TLX与THX构成16位计数器
1	0	方式2，8位自动重新装载的定时/计数器，每当计数器TLX溢出时，THX中的内容重新装载到TLX
1	1	方式3，对于定时器T0，分成2个8位计数器，对于定时器T1，停止计数

1.3.2 定时/计数器的工作方式

MCS-51的定时器/计数器T0和T1共有4种工作方式，其中，前3种方式对于两者都是一样的，而方式3对两者不同。下面以定时/计数器T1为例进行介绍。

一、方式0

当M1=M0=0时，定时/计数器1(或定时/计数器0)将被设置为方式0，这是一种13位计数器结构的工作方式，等效框图如图1-4所示(该逻辑图也适用于定时/计数器0，只要将相应的标识符后缀由1改为0即可)，其计数器由TH1全部8位和TL1的低5位构成。TL1的低5位溢出，则向TH1进位；TH1溢出，则置位TCON中的溢出标志位TF1，并使计数器回零。

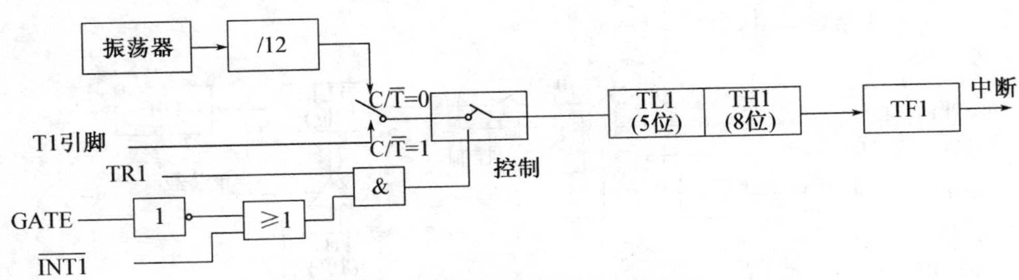

图1-4 定时/计数器T1方式0逻辑结构图

图1-4中，C/$\overline{T}$位控制的电子开关决定了定时/计数器的工作方式：C/$\overline{T}$=0，电子开关打在上面位置，T1为定时器工作模式，以振荡器的12分频后的信号作为计数信号；C/$\overline{T}$=1，电子开关打在下面位置，T1为计数器工作方式，计数脉冲为P3.5(T1)或P3.4(T0)引脚上的外部输入脉冲，当引脚上发生负跳变时，计数器加1。另外，GATE位的状态决定了定时/计数器的运行控制条件：

(1) 当GATE=0，图1-4中控制端的电位取决于TR1状态。TR1=1，控制端为高电平，电子开关闭合，启动计数器工作；TR1=0，控制端为低电平，电子开关断开，禁止计数器工作。

(2) 当GATE=1，则控制端的电位由$\overline{INT1}$和TR1的状态决定，当TR1=1且$\overline{INT1}$=1时，控制端才为高电平，电子开关闭合，启动计数器工作。

二、方式 1

当 M1 和 M0 分别为 0 和 1 时，定时/计数器 T1（或定时/计数器 T0）将被设置为方式 1，这是一种 16 位计数器结构的工作方式，等效框图如图 1－5 所示。方式 1 和方式 0 的差别仅仅在于计数器的位数不同，方式 1 为 16 位的计数器，由 TH1 作为高 8 位，TL1 作为低 8 位构成。

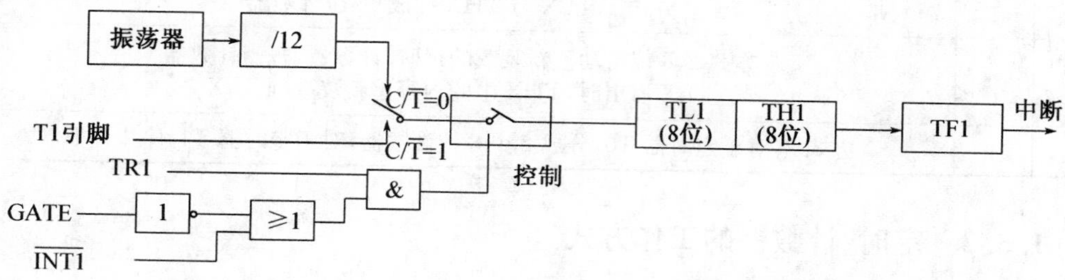

图 1－5　定时/计数器 T1 方式 1 逻辑结构图

三、方式 2

当 M1 和 M0 分别为 1 和 0 时，定时/计数器 T1（或定时/计数器 T0）将被设置为方式 2，其等效框图如图 1－6 所示。该方式为自动恢复初值（常数自动装入）的 8 位定时/计数器，TH1 作为常数缓冲器，其初值由软件设置，当 TL1 计数溢出时，在置标志 TF1 的同时，还自动将 TH1 的常数送至 TL1，使 TL1 从初值开始重新计数，重新装载后 TH1 的内容不变。

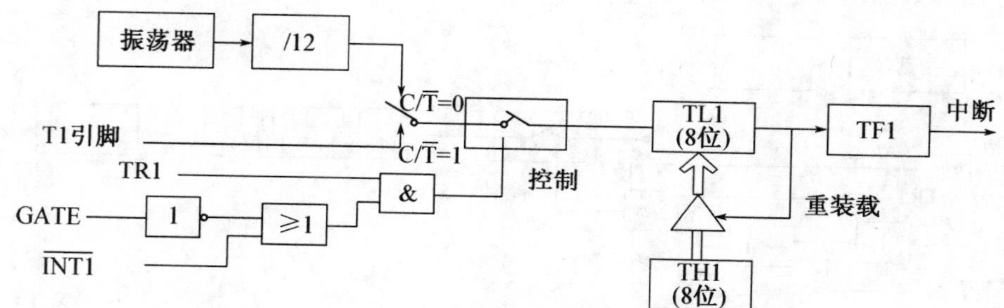

图 1－6　定时/计数器 T1 方式 2 逻辑结构图

四、方式 3

当 M1 和 M0 分别为 1 和 1 时，定时/计数器 T0 的工作方式被设置为方式 3，其等效逻辑图如图 1－7 所示。方式 3 是为了增加一个附加的 8 位定时/计数器而提供的，使 MCS－51 具有 3 个定时/计数器。方式 3 只适用于定时/计数器 T0，定时/计数器 T1 处于方式 3 时相当于 TR1＝0，停止计数（此时 T1 可以作为串行口波特率发生器）。在该方式中，定时/计数器 T0 被分为两个独立的 8 位计数器 TL0，TH0。TL0 使用 T0 的状态控制位 C/$\overline{T}$，GATE，TR0，$\overline{INT0}$，TF0，既可作为定时器，又可作为外部事件计数器使用；而 TH0 被固定为一个 8 位的定时器（不能作为外部事件的计数器），并使用 T1 的运行标志位 TR1，占用定时器 T1 的中断源 TF1。

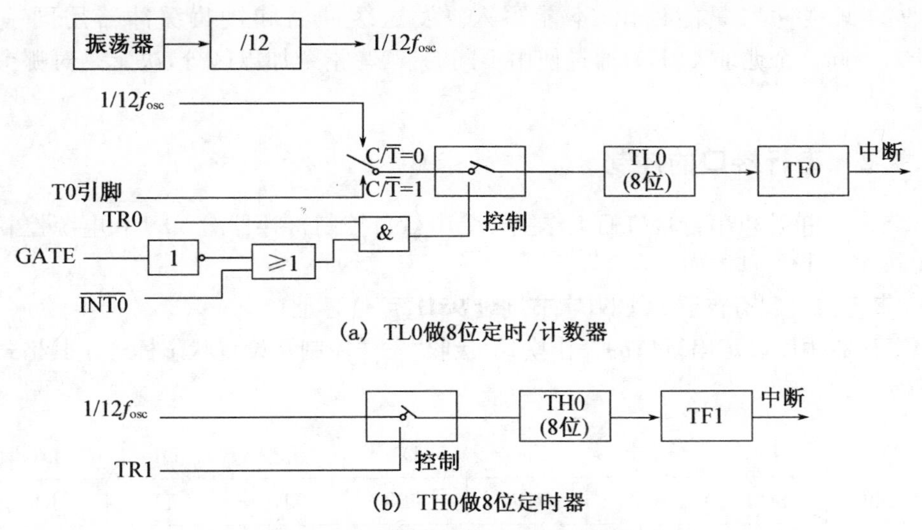

(a) TL0做8位定时/计数器

(b) TH0做8位定时器

图 1-7　定时/计数器 T0 方式 3 逻辑结构图

1.3.3　定时计数器的应用

在进行定时或计数应用之前，要用程序对其进行初始化，各个方式的初始化过程一般包括以下几个内容：

(1) 通过对 TMOD 赋值来确定定时器的工作方式。

(2) 通过将初值写入 TH0、TL0 或 TH1、TL1 寄存器来设置定时/计数器初值，而初值 X 的计算方法一般如下：

计数方式：X＝M－计数值

定时方式：由(M－X)T＝定时值，得 X＝M－定时值/T

其中，T 为计数周期(即单片机的机器周期)；M 为计数器的最大值，取值为 2^{13}(方式 0)，2^{16}(方式 1)或 2^{8}(方式 2 和 3)。

(3) 通过对 IE 置初值来开放定时器中断(由不同需要来决定)。

(4) 通过对 TCON 寄存器中的 TR0 或 TR1 置位来启动定时/计数器。

对于定时器的具体应用示例，基于篇幅，这里不再叙述。

1.4　MCS-51 单片机串行接口及串行通信

串行通信是指数据的各位按顺序一位一位传送。相对于并行通信来说，其优点是只需一对传输线(如电话线)，占用硬件资源少，传输成本低，适用于远距离通信，但传送速度较慢。

1.4.1　单片机串行接口的结构

MCS-51 系列单片机串行口由发送数据缓冲器、接收数据缓冲器、发送控制器、输出控制门、接收控制器和输入移位寄存器等组成。其中，发送数据缓冲器只能写入，不能读出;接收数据缓冲器只能读出,不能写入。发送缓冲器和接收缓冲器用同一符号(SBUF),占同一个地址(99H),通过使用不同的读、写指令加以区分,决定是对哪个缓冲器进行操作。

1.4.2 串行接口的控制

MCS-51单片机串行接口的工作主要受串行口控制寄存器SCON和电源控制寄存器PCON的控制。具体如下:

一、串行口控制寄存器SCON(字节地址98H,可位寻址)

该寄存器用以设定串行口的工作模式、接收/发送控制及设置状态标志。其格式如图1-8所示。

D7	D6	D5	D4	D3	D2	D1	D0
SM0	SM1	SM2	REN	TB8	RB8	TI	RI

图1-8 SCON的位定义

1. 工作模式选择位SM0、SM1

具体定义见表1-12所示。

表1-12 工作模式选择位

SM0	SM1	工作模式	功能说明	波特率
0	0	模式0	同步移位寄存器方式	$f_{osc}/12$
0	1	模式1	10位异步接收发送	可变(由定时器控制)
1	0	模式2	11位异步接收发送	$f_{osc}/32$ 或 $f_{osc}/64$
1	1	模式3	11位异步接收发送	可变(由定时器控制)

2. 多机通信控制位SM2

主要用于模式2和模式3。若SM2=1,允许多机通信。

在模式1时,若SM2=1,则只有接收到有效停止位时,RI才置1,以便接收下一帧数据;在模式0时,SM2必须是0。

3. 允许接收控制位REN(由软件置1或清零)

当REN=1,允许接收数据;

当REN=0,则禁止接收。

4. 发送数据的第9位TB8(根据发送数据的需要由软件置位或复位)

在模式2和模式3中,TB8是发送数据的第9位;

在模式0或模式1中,该位未用。

5. 接收数据的第9位RB8

在模式2和模式3中,RB8是接收数据的第9位;

在模式1中,若SM2=0(即不是多机通信情况),则RB8是已接收到的停止位;

在模式0中,该位未用。

6. 发送中断标志 TI(一帧数据发送结束时由硬件置位,必须由软件清零)

在模式 0 中,串行发送完 8 位数据位后,或其他模式串行发送到停止位时由硬件置位。TI=1 表示"发送缓冲器已空",通知 CPU 可以发送下一帧数据。TI 位可作为查询,也可作为中断申请标志位。

7. 接收中断标志 RI(接收到一帧有效数据后由硬件置位,必须由软件清零)

在模式 0 中,接收完 8 位数据位后,或其他模式中接收到停止位时由硬件置位。RI=1 表示一帧数据接收完毕,并已装入接收缓冲器中,通知 CPU 可取走该数据。该位可作为查询,也可作为中断申请标志位。

二、电源控制寄存器 PCON(字节地址为 87H,不可位寻址)

该寄存器主要用于实现电源控制、数据传输率的控制。其格式如图 1-9 所示。

D7	D6	D5	D4	D3	D2	D1	D0
SMOD	—	—	—	GF1	GF2	PD	IDL

图 1-9 PCON 的位定义

在 MCS-51 系列单片机中,只有最高位波特率倍增位 SMOD 与串口有关。在模式 1、2、3 中,若 SMOD=1,波特率提高 1 倍,SMOD=0,则波特率不增倍。

1.4.3 单片机串行接口的工作方式

MCS-51 系列单片机的串行口工作模式由串行口控制寄存器 SCON 中的 SM0、SM1 两位控制,共有四种工作模式。

一、同步移位寄存器输入/输出方式模式 0

模式 0 以 8 位为一帧数据,没有起始位和停止位,低位在前、高位在后,其帧格式如图 1-10 所示。

D_0 D_1 D_2 D_3 D_4 D_5 D_6 D_7

图 1-10 模式 0 帧格式

8 位串行数据的输入或输出都是通过 RXD 端,而 TXD 端用于送出同步移位脉冲,作为外接器件的同步移位信号。波特率固定为 $f_{osc}/12$。

模式 0 一般用于和外接的移位寄存器结合来进行并行 I/O 口的扩展,不占用片外 RAM 地址,但操作速度较慢。下面我们结合时序来说明模式 0 的发送(如图 1-11)与接收(如图 1-12)的工作过程。

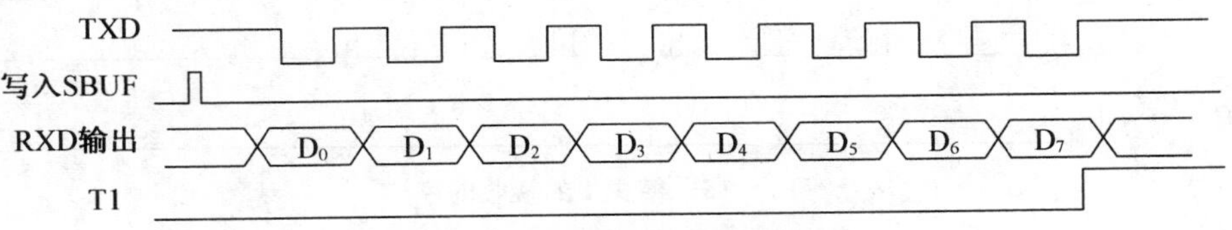

图 1-11 模式 0 的发送时序

1. 模式 0 的发送

发送条件：当 TI＝0，一条写发送缓冲器的指令（如 MOV　SBUF，A），即可启动模式 0 的发送。

主要发送过程：8 位数据从 RXD 端送出（低位在前）；TXD 端发出同步移位脉冲；发送完毕后，硬件置位 TI＝1，并作为查询和中断请求信号。

注意：当要发送下一组数据时，需用软件使 TI 清零。

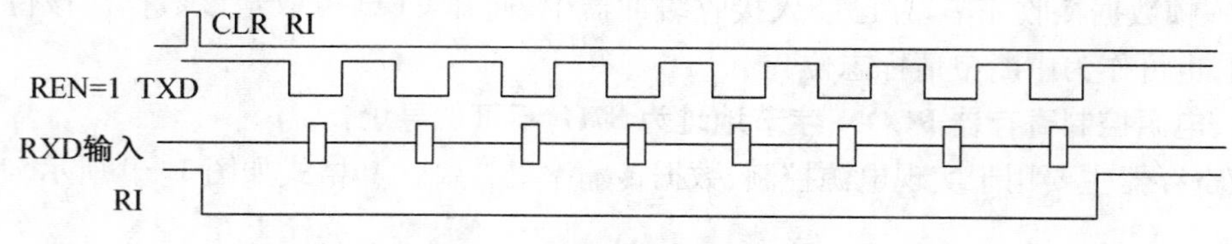

图 1－12　模式 0 的接收时序

2. 模式 0 的接收

接收条件：RI＝0 和 REN＝1。

主要接收过程：数据由 RXD 端输入（低位在前）；接收 TXD 端仍发出同步移位脉冲；接收到 8 位数据以后，由硬件使 RI＝1，并作为查询或中断请求信号。

注意：当 CPU 读取数据后，需用软件清 RI，以准备接收下一组数据。

二、串行异步通信方式模式 1

波特率可变，且由定时器 T1 的溢出率及 SMOD 位决定。TXD 为数据发送端，RXD 为数据接收端。一帧数据由 10 位组成，如图 1－13 所示。

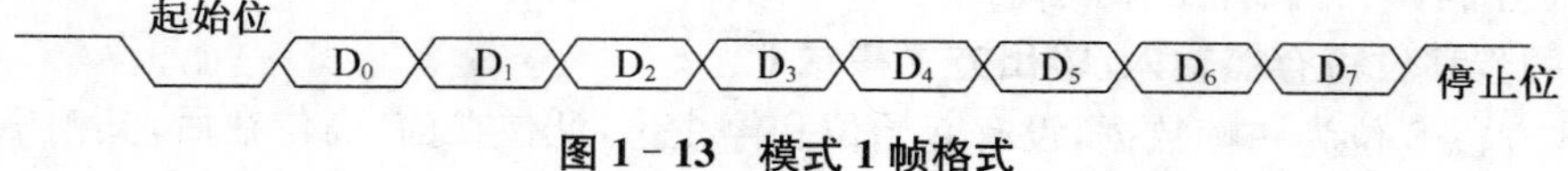

图 1－13　模式 1 帧格式

下面我们结合时序来说明模式 1 的发送（如图 1－14）与接收（如图 1－15）工作过程。

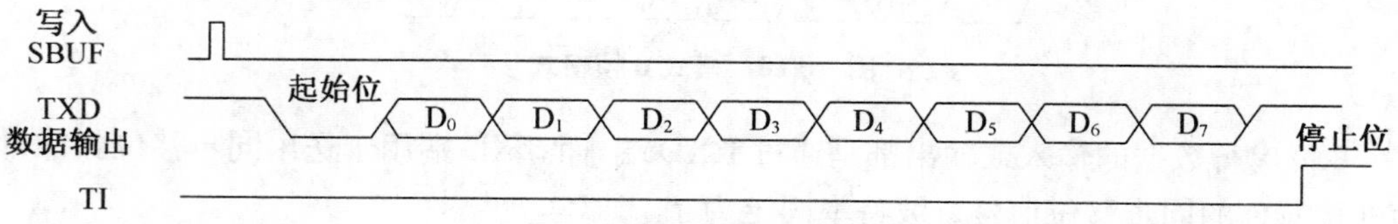

图 1－14　模式 1 的发送时序

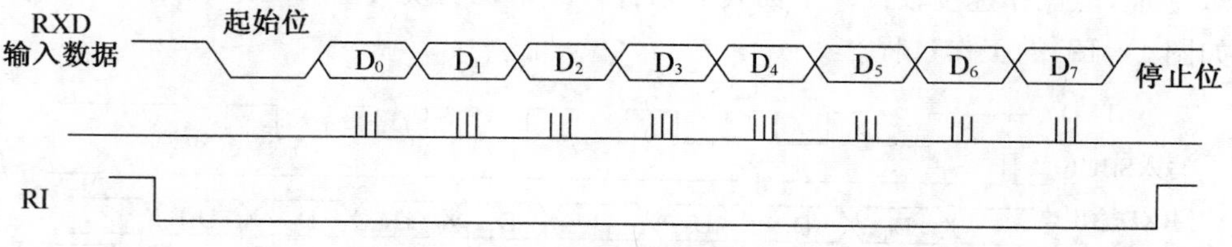

图 1－15　模式 1 的接收时序

1. 模式 1 的发送

发送条件：TI=0 时由一条写发送缓冲器 SBUF 的指令(如 MOV SBUF,A)开始。

主要发送过程：串行口自动地插入一位逻辑 0 的起始位；接着是 8 位数据(低位在前)，然后又插入一位逻辑 1 的停止位，在发送移位脉冲作用下，依次由 TXD 端发出，一帧信息发完后，自动维持 TXD 端信号为 1；8 位数据发完之后，插入停止位时，由硬件使 TI 置 1，用以通知 CPU 可以发送下一帧数据。

2. 模式 1 的接收

接收条件：接收时，应先用软件清 RI 或 SM2 标志，且 REN 置 1，采样 RXD 从 1 至 0 跳变到(无信号时，其状态为 1)起始位"0"时，开始接收一帧数据。

主要接收过程：在接收移位脉冲的控制下，把收到的数据(9 位数据，包括一位停止位)一位一位地送入输入移位寄存器；当 RI=0 且停止位为 1 或者 SM2=0 时，8 位数据送入接收缓冲器 SBUF，停止位进入 RB8；硬件使 RI 置 1。

三、串行异步通信方式模式 2

模式 2 的波特率是固定的：一种是 $f_{osc}/32$，另一种是 $f_{osc}/64$，且 TXD 为数据发送端，RXD 为数据接收端。一帧数据由 11 位组成，包括 1 位起始位、8 位数据位、1 位可编程位、1 位停止位，其帧格式如图 1-16 所示。

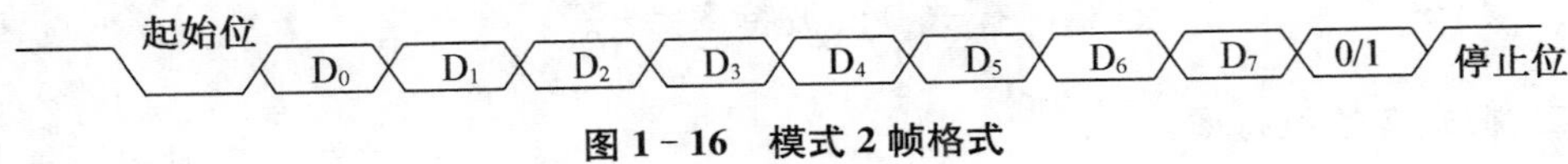

图 1-16 模式 2 帧格式

下面我们结合时序来说明模式 2 的发送(如图 1-17)与接收(如图 1-18)工作过程。

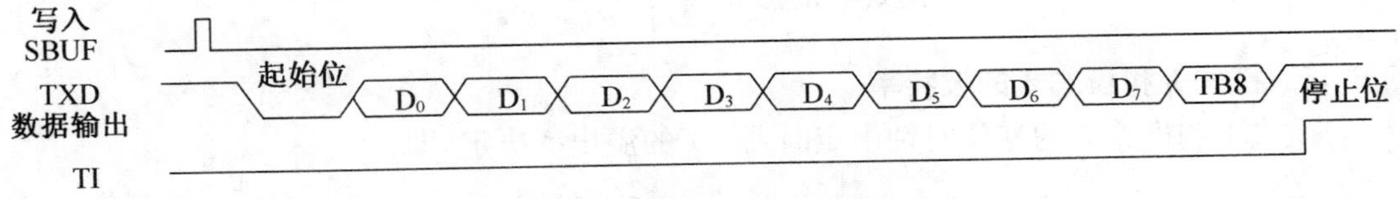

图 1-17 模式 2 的发送时序

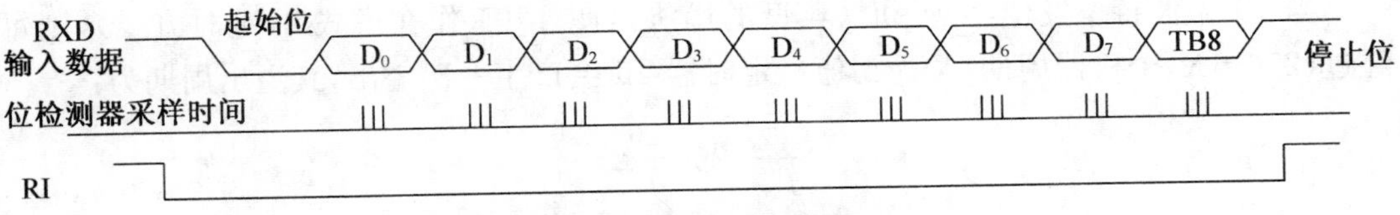

图 1-18 模式 2 的接收时序

1. 模式 2 的发送

发送条件：把要发送的第 9 位数值(用户根据通信协议用软件来设置 TB8 做奇偶校验位或地址/数据标志位)装入 SCON 寄存器中的 TB8 位。TI=0，执行一条写发送缓冲器的指令(MOV SBUF,A)，启动发送。

主要发送过程：串行口自动把 TB8 取出，并装入到第 9 位数据的位置，逐一发送出去。发送完毕，由硬件使 TI 置 1。

2. 模式 2 的接收

接收条件：RI=0；SM2=0 或收到的第 9 位数据为 1。

主要接收过程：接收的前 8 位数据进入 SBUF，以准备让 CPU 读取，接收的第 9 位数据进入 RB8，同时置位 RI。

四、串行异步通信方式模式 3

模式 3 的接收、发送过程与模式 2 完全相同，区别是模式 3 的波特率由定时器 T1 的溢出率及 SMOD 决定，具体如下式：

$$\text{模式 3 的波特率}=\frac{2^{\mathrm{SMOD}}}{32}\times \text{T1 的溢出率}$$

1.4.4 单片机串行传输波特率

在单片机串行接口应用中主要涉及其波特率设计的问题。MCS-51 单片机通过编程，可设置其串口工作在 4 种工作模式下，对应着 3 种波特率。具体如下：

一、模式 0 的波特率

模式 0 的波特率固定为 $f_{\mathrm{osc}}/12$（振荡频率的 1/12），即：

$$\text{模式 0 的波特率}=\frac{f_{\mathrm{osc}}}{12}$$

二、模式 2 的波特率

模式 2 的波特率由系统的振荡频率 f_{osc} 和 PCON 中的最高位 SMOD 共同确定，即：

$$\text{模式 2 的波特率}=\frac{2^{\mathrm{SMOD}}}{64}\times f_{\mathrm{osc}}$$

三、模式 1 和模式 3 的波特率

模式 1 和模式 3 的移位时钟由定时器 T1 的溢出率决定，即：

$$\text{模式 1 和模式 3 的波特率}=\frac{2^{\mathrm{SMOD}}}{32}\times \text{T1 的溢出率}$$

当 T1 做波特率发生器使用时（典型的用法是使 T1 工作在模式 2，定时方式），则每经过（$256-X$）个机器周期（X 为初值），定时器 T1 会产生一次溢出，其溢出周期为：

$$\frac{12}{f_{\mathrm{osc}}}(256-X)$$

则

$$\text{波特率}=\frac{2^{\mathrm{SMOD}}}{32}\times\frac{f_{\mathrm{osc}}}{12(256-X)}$$

因此

$$X=256-\frac{f_{\mathrm{osc}}(\mathrm{SMOD}+1)}{384\times\text{波特率}}$$

对于串口的具体应用示例，基于篇幅，这里不再叙述。

1.5 MCS－51单片机的中断系统

为了处理一些异常情况以及实时控制、多道程序和多处理机的需要提出中断的概念。中断是由中断系统的软件和硬件实现的。

1.5.1 中断的概念

中断过程如图1－19所示，当CPU在执行程序的过程中，出现异常情况或特殊请求时，CPU必须尽快暂停执行当前的程序，而去执行相应的处理事件程序，待处理结束后，再回来继续执行被终止的程序，这个过程叫中断。其中，产生中断的请求源称为中断源，原来正在运行的程序称为主程序，主程序被断开的位置称为断点。

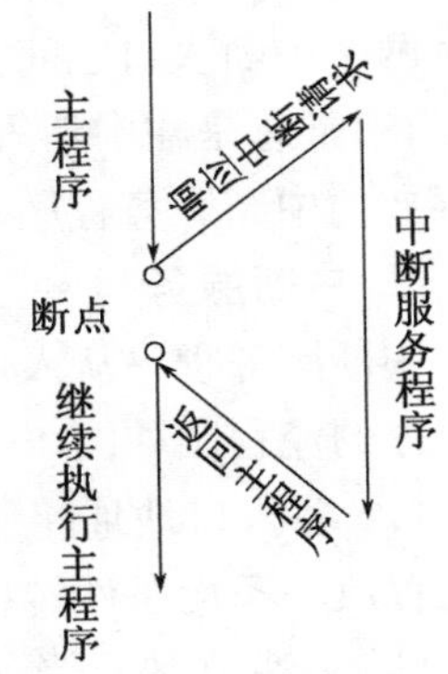

图1－19 中断过程示意图

1.5.2 中断响应过程

中断的基本过程为：中断请求→中断判优→中断响应→中断服务→中断返回。

下面重点介绍几个过程：

一、中断判优

系统为各个中断源规定了优先级别，称为优先权。当两个或者两个以上的中断源同时提出中断请求时，计算机首先响应优先权高的中断源，再响应级别较低的中断源。计算机按中断源级别高低逐次响应的过程称作优先级排队。这个过程可以通过硬件电路来实现，也可以通过程序查询来实现。

二、中断响应

中断响应条件：

(1) 有中断源发出中断申请。

(2) 中断总允许位EA=1，即CPU允许所有中断源申请中断。

(3) 申请中断的中断源的中断允许位为1，即此中断源可以向CPU申请中断。

(4) 无同级或高级的中断正在服务；当前机器周期不是正在执行的指令的最后一个周期；正在执行的不是返回指令或对专门寄存器IE，IP进行读写的指令。

在满足上述条件时，紧接着就进行中断响应，即由硬件自动生成一条长调用指令LCALL addr16。这里的addr16就是程序存储区中的相应的中断源的中断入口地址。紧接着就由CPU执行指令，首先是将程序计数器PC的内容压入堆栈以保护断点，再将中断入口地址装入PC，使程序转向相应的中断入口地址。各个中断服务程序的入口地址是固定的，见表1－13所示。

表 1-13 中断服务程序的入口地址

中断源	入口地址
外部中断 0	0003H
定时器/计数器 T0 中断	000BH
外部中断 1	0013H
定时器/计数器 T1 中断	001BH
串行口中断	0023H

两个中断入口之间只相隔 8 个字节，一般情况下难以安排一个完整的中断服务程序。因此，通常总是在中断入口的地址处放置一条无条件转移指令，使程序转向执行在其他地址存放的中断服务程序。

三、中断服务

中断服务程序从入口地址开始执行，直至遇到指令 RETI 为止，称中断处理。中断服务程序的流程图如图 1-20 所示，编写中断服务程序需注意以下几点：

(1) 各入口地址间隔 8 个字节，一般的中断服务程序是容纳不下的，需在入口地址单元处存放一条无条件转移指令。

(2) 若要在执行当前中断程序时禁止更高优先级的中断源中断，要先用软件关闭 CPU 中断，或禁止更高中断源的中断，而在中断返回前再开中断。图 1-20 中的保护现场和恢复现场前关中断，就是为了防止此时有高一级的中断进入，避免现场被破坏。在保护现场和恢复现场之后的开中断是为下一次的中断做准备，也是为了允许更高级的中断进入。

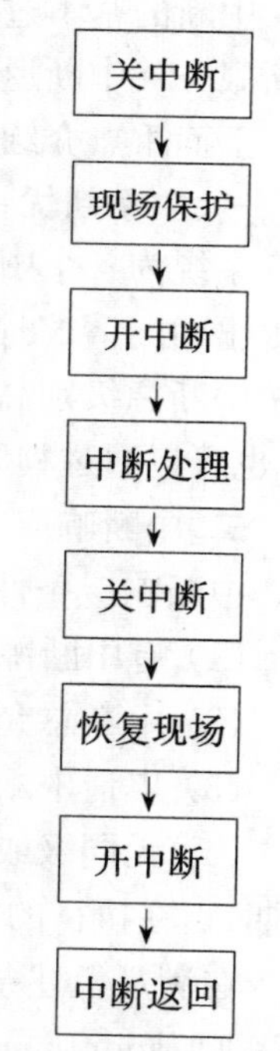

图1-20 中断服务程序的流程图

(3) 在保护现场和恢复现场时，为了不使现场数据受到破坏或造成混乱，一般规定在保护现场和恢复现场时，CPU 不响应新的中断请求。所谓现场，就是指中断时刻单片机中的某些寄存器和存储单元中的数据或状态，为了使中断服务程序的执行不破坏这些数据或状态，以免在中断返回后影响主程序的运行，因此，要把它们送入堆栈中保存起来，这就是现场保护。现场保护一定要位于现场中断处理程序的前面。中断处理结束后，在返回主程序前，则需要把保存的现场内容从堆栈中弹出，以恢复那些寄存器和存储器单元中的原有内容，这就是现场恢复。现场恢复一定要位于中断处理程序的后面，至于要保护哪些内容，应该由用户根据中断处理程序的具体情况来决定。

除以上所述之外，图 1-20 中的中断处理是中断源请求中断的具体目的。应用设计者应根据任务的具体要求，来编写中断处理部分的程序。

四、中断返回

中断服务程序的最后一条指令必须是返回指令 RETI，RETI 指令是中断服务程序结束的标志。CPU 执行完这条指令后，把响应中断时所置 1 的优先级状态触发器清零，然后从堆栈中弹出栈顶上的两个字节，将此断点地址送到程序计数器 PC，CPU 从断点处重新执行被中断的主程序。

综上所述，可以把中断处理的整个过程用如图 1-21 所示的流程图来概括。

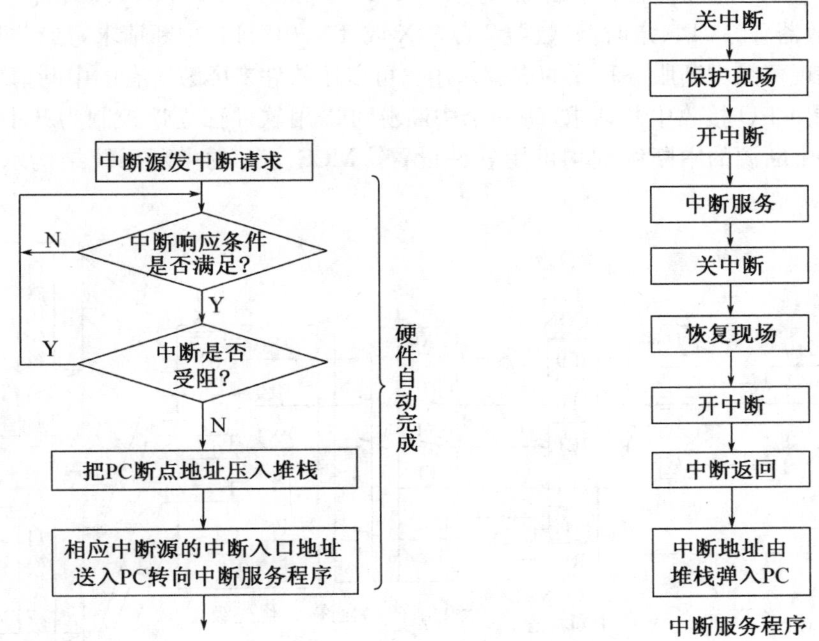

图 1-21　中断处理过程流程图

五、中断请求的撤销

按中断类型分别说明中断请求的撤销方法。

(1) 定时/计数器中断请求的撤销。定时/计数器中断请求是自动撤除的，CPU 在响应中断后，用硬件清除中断请求标志 TF0 或 TF1。

(2) 外部中断请求的撤除。跳沿方式外部中断请求是自动撤销的。电平触发的外部中断的撤销是通过软硬件相结合的方法来实现的。系统中一般需要增加强制电路，如图 1-22 所示。

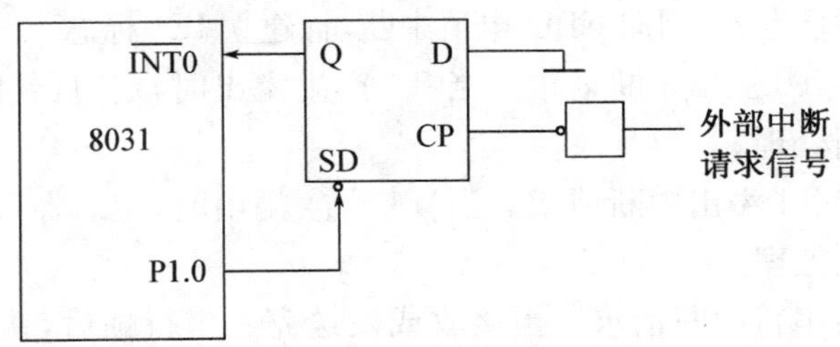

图 1-22　电平方式外部中断请求的撤销电路

(3) 串行口中断请求的撤除。串行口中断请求的撤除只能用软件的方法，在中断服务程序中进行，用指令来进行标志位 TI、RI 的清除。

1.5.3　MCS-51 中断系统的结构及中断源的扩充方法

一、中断系统的结构

MCS-51 单片机有五个中断源，分别为$\overline{\text{INT0}}$（外部中断 0），$\overline{\text{INT1}}$（外部中断 1），T0（定时/计数器 T0），T1（定时/计数器 T1），RX 或 TX（串行口）中断请求，具有两个中断优先级，可实现两级中断服务程序的嵌套。用户可以用软件来屏蔽所有的中断请求，也可以用软件使得 CPU 接收中断请求，每一个中断源可以用软件独立地控制为开中断或关中断，每一个中断源的中断级别均可用软件设置。MCS-51 的中断系统结构示意图如图 1-23 所示。

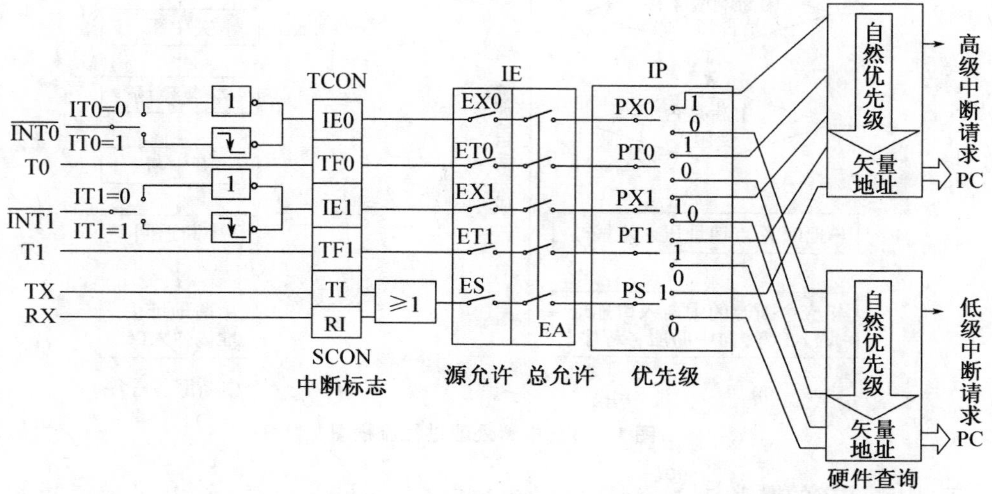

图 1-23　MCS-51 单片机的中断系统

二、中断源及矢量地址

由图 1-23 可知：MCS-51 中断系统共有 5 个中断请求源，它们是：

(1) $\overline{\text{INT0}}$：外部中断 0 请求，由 P3.2 脚输入。由 IT0(TCON.0)决定是低电平有效还是负跳变有效，一旦有效，则向 CPU 申请中断，且建立 IE0 标志。

(2) $\overline{\text{INT1}}$：外部中断 1 请求，由 P3.3 脚输入。由 IT1(TCON.2)决定是低电平有效还是负跳变有效，一旦有效，则向 CPU 申请中断，且建立 IE1 标志。

(3) T0：定时器 T0 溢出中断请求。当 T0 产生溢出时，定时器 T0 的中断请求标志 TF0 置位，请求中断处理。

(4) T1：定时器 T1 溢出中断请求。当 T1 产生溢出时，定时器 T1 的中断请求标志 TF1 置位，请求中断处理。

(5) RX 或 TX：串行中断请求。当接收或发送完一串行帧后，就置位内部串行口中断请求标志 RI 或 TI，请求中断。

三、中断控制

用户通过设置控制位和查询状态位来使用中断系统。MCS-51 单片机提供了如下相关控制寄存器。

1. 定时控制寄存器(TCON,88H)

TCON 中与中断有关的位定义如下：

位地址	8F	8E	8D	8C	8B	8A	89	88
位符号	TF1	—	TF0	—	IE1	IT1	IE0	IT0

TF0,TF1——分别为 T0,T1 的溢出标志位,为“1”时,表示溢出,相反,则表示未溢出。溢出后,由硬件自动置 1,中断响应后,也是由硬件自动清零。

IE0,IE1——外部中断$\overline{INT0}$,$\overline{INT1}$的中断请求标志位,由硬件置位或清零。当 CPU 采样到$\overline{INT0}$或$\overline{INT1}$端出现有效的中断请求时,此位由硬件置 1,表示外部事件请求中断,中断响应后,硬件自动清零。

IT0,IT1——外部中断$\overline{INT0}$,$\overline{INT1}$的中断请求信号的触发方式控制位,由用户设置。当该位为“1”时,选择边沿的触发方式,负跳变有效;为“0”时,选择电平触发方式,低电平有效。

2. 串行口控制寄存器(SCON,98H)

其中与中断有关的控制位如下：

位地址	9F	9E	9D	9C	9B	9A	99	98
位符号	SM0	SM1	SM2	REN	TB8	RB8	TI	RI

TI——串行口发送中断请求标志位。当发送完一帧串行数据后,由硬件置 1,但在转向中断服务程序后,该位必须由软件清零。

RI——串行口接收中断请求标志位。当接受一帧串行数据后,由硬件置 1,在转向中断服务程序后,该位也必须由软件清零。

3. 中断允许控制寄存器(IE,A8H)

其中与中断有关的控制位如下：

位地址	AF	AE	AD	AC	AB	AA	A9	A8
位符号	EA	—	—	ES	ET1	EX1	ET0	EX0

EA——CPU 中断允许总控制位。EA=1,CPU 开中断(中断允许),但每个中断源的中断请求是允许还是禁止,要由各自的允许位控制;EA=0,CPU 关中断(中断禁止),即所有的中断请求都被屏蔽。复位时,禁止所有中断,即 EA=0。

ES,ET1,EX1,ET0,EX0——分别对应串行口、定时/计数器 T1、外部中断 1、定时/计数器 T0、外部中断 0 的中断允许控制位。为“1”时,相应中断允许;反之,相应中断禁止。

4. 中断优先控制寄存器(IP,B8H)

其中与中断有关的控制位如下：

位地址	BF	BE	BD	BC	BB	BA	B9	B8
位符号	—	—	—	PS	PT1	PX1	PT0	PX0

PS,PT1,PX1,PT0,PX0——分别对应串行口、定时/计数器 T1、外部中断 1、定时/计数器 T0、外部中断 0 的优先级设定位,为“1”表示该中断源为高优先级,为“0”表示该中断源为低优先级。

每一中断源可编程为高优先级或低优先级中断,以实现二级嵌套,默认的优先次序为:外部中断 0、定时/计数器中断 T0、外部中断 1、定时/计数器中断 T1、串行口中断(依次从高到低)。

中断优先级控制寄存器 IP 的各个控制位,都可以通过编程来置位或清零,单片机复位后,IP 中的各个位均为零。中断优先级的控制原则:

➢低优先级中断请求不能打断高优先级的中断服务,但高优先级中断请求可打断低优先级的中断服务,从而实现中断嵌套。

➢一个中断一旦得到响应,与它同级的中断请求不能中断它。

➢如果同级的多个中断请求同时出现,则按 CPU 查询次序确定哪个中断请求先被响应。查询次序为:外部中断 0→定时/计数器中断 0→外部中断 1→定时/计数器中断 1→串行中断。

四、外部中断源的扩展

1. 利用定时器扩充外部中断源

在计数工作方式下,在允许中断的情况下,如果把计数器预置为全 1,则只要在计数输入端(T0 或 T1)加一个脉冲,就可以使计数器溢出,产生溢出中断。如果以一个外部中断请求作为计数脉冲输入,则可以借计数中断之名行外部中断服务之实,即可以利用外中断申请的负脉冲产生定时器溢出中断申请而转入到相应的中断入口(000BH 或 001BH),只要在那里存放的是为外中断服务的中断子程序,就可以最后实现借用定时器/计数器溢出中断转为外部中断的目的,这就是所谓的通过定时器/计数器实现外部中断。

具体实现方法为:

➢置定时/计数器为工作模式 2,且为计数方式,即 8 位的自动装载方式,以便在依次中断响应后,自动为下一次中断请求做好准备。计数器的低 8 位用作计数,高 8 位用作存放计数器的初值,当低 8 位计数器溢出时,高 8 位内容自动重装入低 8 位,从而使计数器可以重新按原规定的初值进行。

➢定时/计数器的高 8 位和低 8 位都预置为 0FFH。

➢将定时/计数器的计数输入端(P3.4、P3.5)作为扩展的外部中断请求输入。

➢在相应的中断服务程序入口开始存放为外中断服务的中断服务程序。

2. 中断和软件查询相结合扩充外部中断源

若系统中有多个外部中断请求,可以按照它们的轻重缓急进行排队,把其中最高级别的中断源 IR0 直接接到 MCS-51 的一个外部中断源输入端 $\overline{INT0}$,其余的中断源 IR1～IR4 用“线或”的办法连到另一个中断源输入端 $\overline{INT1}$,同时还连到 P1 口,中断源的中断请求由外设的硬件电路产生,这种办法原则上可以处理任意多个外部中断。例如,5 个中断源的排队顺序依次为:IR0、IR1、IR2、IR3、IR4,对于这样的中断源系统,可以采用如图 1-24 所示的电路。图 1-24 中的 4 个外设 IR1～IR4 的中断请求通过集电极开路的 OC 门构成“线或”关系,它们的中断请求输入均通过 $\overline{INT1}$ 传给 CPU,无论哪一个外设提出的高电平有效的中断请求信号，都会使得$\overline{INT1}$引脚的电平变低。究竟是哪个外设提出的中断请求，通过程序查询 P1.0～P1.3 的逻辑电平即可知道。

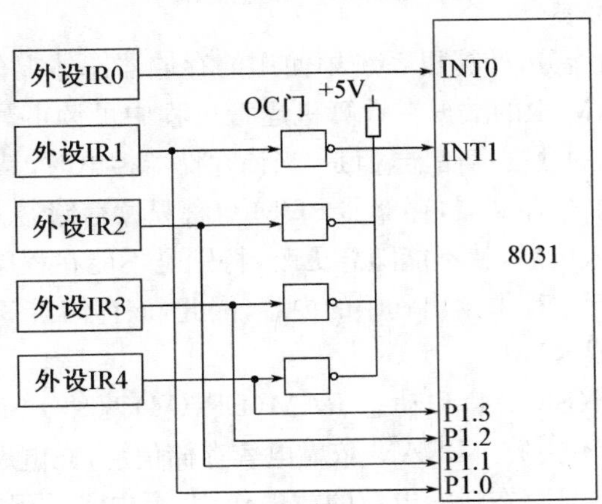

图 1－24　中断和查询相结合的多外部中断源系统

1.5.4　中断系统的应用控制过程

中断的实质就是用软件对 4 个与中断有关的特殊功能寄存器 TCON，SCON，IE，IP 进行管理和控制，在 MCS－51 单片机中，需要人为地进行管理和控制的有以下几点：

(1) CPU 的开中断与关中断；

(2) 各个中断源中断请求的允许和禁止(屏蔽)；

(3) 各个中断源优先级别的设定；

(4) 外部中断请求的触发方式。

中断管理程序和中断控制程序一般不独立编写，而是在主程序中编写，中断服务程序是具有特定功能的独立的程序段。它为中断源的特定要求服务，以中断返回指令结束。在中断响应过程中，断点的保护主要由硬件电路来实现。对用户来说，在编写中断服务程序时，首先要考虑保护现场和恢复现场。在多级中断系统中，中断可以嵌套，为了不至于在保护现场或恢复现场时，由于 CPU 响应其他的更高级的中断请求而破坏现场，一般要求在保护现场和恢复现场时，CPU 不响应外界的中断请求，即关中断。因此，在编写程序时，应在保护现场和恢复现场之前，使 CPU 关中断，在保护现场和恢复现场之后，根据需要使 CPU 开中断。

对于中断的具体应用示例，基于篇幅，这里不再叙述。

1.6　单片机存储器及 I/O 口外部扩展

单片机存储器的扩展包括程序存储器和数据存储器的扩展。单片机可扩展 64 KB 的程序存储器和 64 KB 的数据存储器。

1.6.1 单片机存储器扩展

1.6.1.1 存储器分类

按照结构与使用功能分,计算机系统中使用的存储器总体上分随机存储器 RAM 和只读存储器 ROM。RAM 中的数据在计算机运行过程中可读可写且读取和写入时间很短,因此,常作为计算机的数据存储器,但是,当该存储器掉电时,其所存放的数据会丢失,因此,不能作为数据的永久存储器,存储器 ROM 也称只读存储器。所谓只读存储器是指 ROM 中的信息一旦写入以后,就不能随意更改,特别是不能在程序运行过程中再写入新的内容,只能在程序执行过程中读出其中的内容,因此,该存储器多作为程序存储器。

一、随机读写存储器 RAM

RAM 有静态 RAM(SRAM)和动态 RAM(DRAM)两种。SRAM 用触发器存储信息,只要不掉电,信息就不丢失。DRAM 依靠电容存储信息,充电后为"1",放电后为"0"。由于集成电路电容很小,且存在泄漏电流的放电作用,高电平的保持时间只有几毫秒,为了保持信息"1"不变,每隔 1～2 ms 必须对高电平的电容重新充电,这个过程被称为 DRAM 的定式刷新,需要使用相应的刷新电路。常用的 SRAM 有 6116(2 K×8 bit),6264(8 K×8 bit),62128(16 K×8 bit),62256(32 K×8 bit)。

二、只读存储器 ROM

只读存储器 ROM 工作时,芯片中各存储单元中的信息只能读出,要用特殊方式写入(固化信息),失电后可保持不丢失。ROM 有很多种芯片,下面对一些常用种类进行介绍。

1. 掩膜 ROM(不可改写 ROM)

由生产芯片的厂家固化信息,由厂家在最后一道工序用掩膜工艺写入信息,用户只可读出,而不能修改。

2. PROM(可编程 ROM)

用户可进行一次编程。存储单元电路由熔丝相连,当加入写脉冲时,某些存储单元熔丝熔断,信息永久写入,不可再次改写。

3. EPROM(紫外线擦除电可编程 ROM)

用户可以多次编程。编程加写脉冲后,某些存储单元的 PN 结表面形成浮动栅,阻挡通路,实现信息写入。用紫外线照射可驱散浮动栅,原有信息全部擦除,便可再次改写。常用的 EPROM 有:2716(2 K×8 bit),2732(4 K×8 bit),2764(8 K×8 bit),27128(16 K×8 bit),27256(32 K×8 bit)。

4. EEPROM(电擦除电可编程 ROM)

既可全片擦除,也可字节擦除,可在线擦除信息,又能失电保存信息,具备 RAM、ROM 的优点,但写入时间较长。常用的 EPROM 有 2817A(2 K×8 bit),2864A(8 K×8 bit)。

1.6.1.2 典型的存储器芯片介绍

对于典型的存储器芯片介绍如下:

一、2716 EPROM 存储器

2716 是 2K×8 位紫外线擦除电可编程只读存储器，单一+5 V 供电，最大功耗为 252 mW，维持功耗为 132 mW，读出时间最大为 450 ns，双列直插式封装，其引脚及功能如图 1-25 所示，其工作方式见表 1-14 所示。

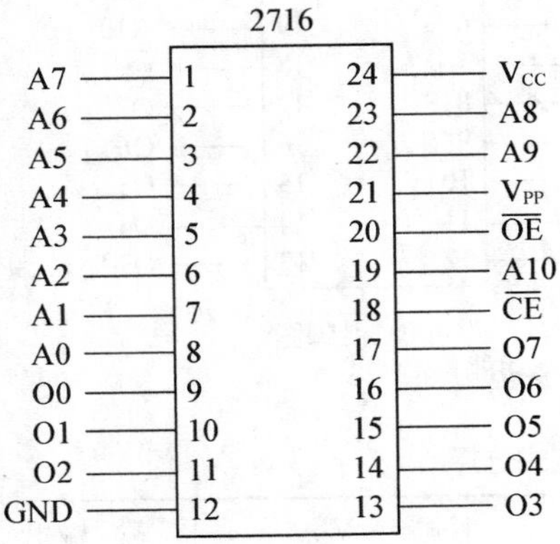

2716

引脚	序号	序号	引脚
A7	1	24	V_{CC}
A6	2	23	A8
A5	3	22	A9
A4	4	21	V_{PP}
A3	5	20	$\overline{OE}$
A2	6	19	A10
A1	7	18	$\overline{CE}$
A0	8	17	O7
O0	9	16	O6
O1	10	15	O5
O2	11	14	O4
GND	12	13	O3

(a) 引脚图

A0～A10	地址线
O0～O7	数据线
$\overline{CE}$	片选线
$\overline{OE}$	数据输出选通线
V_{PP}	编程电源
V_{CC}	主电源

(b) 引脚功能

图 1-25　2716 引脚及功能

表 1-14　2716 工作方式选择

方式/引脚	$\overline{CE}$	$\overline{OE}$	V_{PP}	V_{CC}	输出
读	L	L	5 V	5 V	D_{OUT}
维持	H	任意	5 V	5 V	高阻
编程	正脉冲	H	21 V	5 V	D_{IN}
编程校验	L	L	21 V	5 V	D_{OUT}
编程禁止	L	H	21 V	5 V	高阻

注：L——TTL 低电平；H——TTL 高电平；D_{OUT}——数据输出；D_{IN}——数据输入。

二、2732 EPROM 存储器

2732 是 4K×8 紫外线擦除电可编程只读存储器，单一+5 V 供电，最大工作电流为 100 mA，维持电流为 35 mA，读出时间为 250 ns。24 脚双列直插式封装，其引脚及功能如图 1-26 所示。2732 的 5 种工作方式见表 1-15 所示。

A0～A11	地址线
O0～O7	数据线
$\overline{CE}$	片选线
$\overline{OE}/V_{PP}$	输出允许/编程电源

(a) 引脚功能

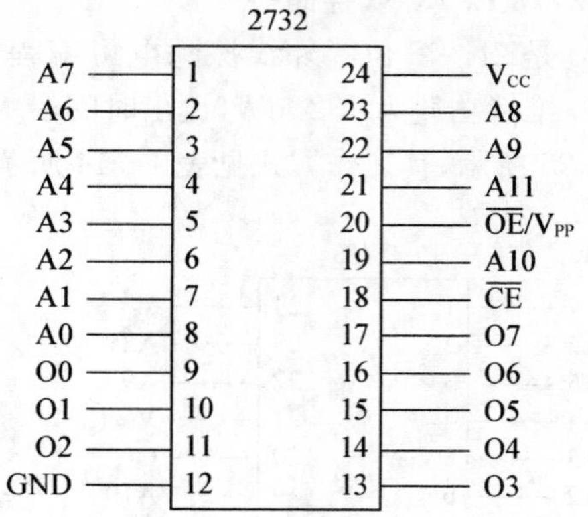

(b) 引脚图

图 1-26　2732 引脚及功能

表 1-15　2732 工作方式选择

方式/引脚	$\overline{CE}$	$\overline{OE}/V_{PP}$	V_{CC}	输出
读	L	L	5V	D_{OUT}
维持	H	任意	5 V	高阻
编程	L	21 V	5 V	D_{IN}
编程校验	L	L	5 V	D_{OUT}
编程禁止	H	21 V	5 V	高阻

三、2764 EPROM 存储器

2764 是 8K×8 位紫外线擦除电可编程只读存储器，单一+5 V 供电，最大工作电流为 75 mA，维持电流为 35 mA，读出时间最大为 250 ns。28 脚双列直插式封装，其引脚及功能如图 1-27 所示。2764 的 5 种工作方式见表 1-16 所示。

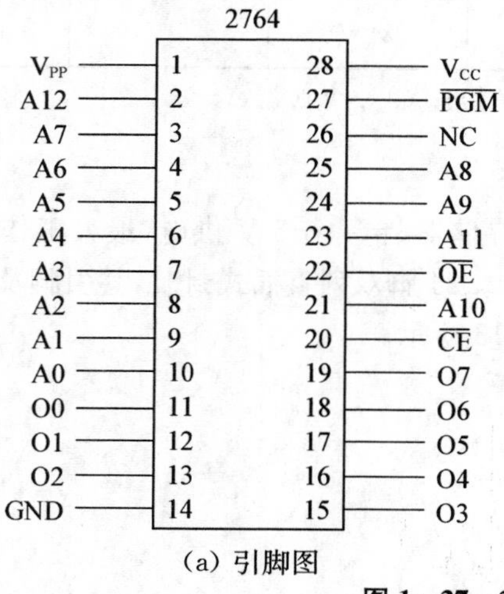

(a) 引脚图

A0～A12	地址线
O0～O7	数据线
$\overline{CE}$	片选线
$\overline{OE}$	数据输出选通线
V_{PP}	编程电源
$\overline{PGM}$	编程脉冲输入

(b) 引脚功能

图 1-27　2764 引脚及功能

表 1－16　2764 工作方式选择

方式/引脚	$\overline{CE}$	$\overline{OE}$	$\overline{PGM}$	V_{PP}	V_{CC}	输出
读	L	L	H	5 V	5 V	D_{OUT}
维持	H	任意	任意	5 V	5 V	高阻
编程	L	H	L	12.5 V	6 V	D_{IN}
编程校验	L	L	H	12.5 V	6 V	D_{OUT}
编程禁止	H	任意	任意	12.5 V	6 V	高阻

四、27128A EPROM 存储器

27128A 是 16K×8 位紫外线擦除电可编程只读存储器，单一＋5 V 供电，工作电流为 100 mA，维持电流为 40 mA，读出时间最大为 250 ns。28 脚双列直插式封装，其引脚及功能如图 1－28 所示。27128A 的 5 种工作方式见表 1－17 所示。

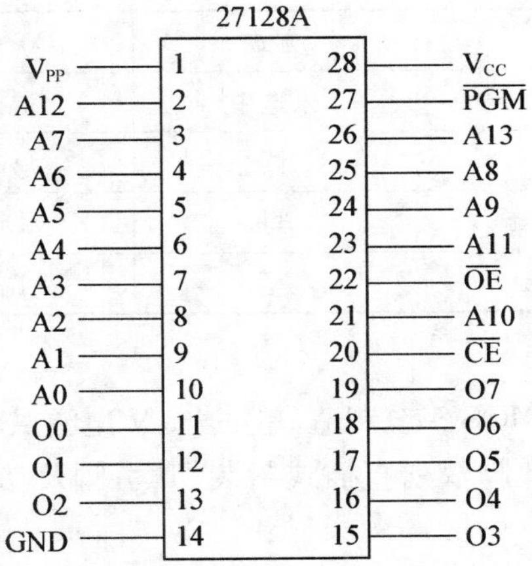

27128A

引脚	编号	编号	引脚
V_{PP}	1	28	V_{CC}
A12	2	27	$\overline{PGM}$
A7	3	26	A13
A6	4	25	A8
A5	5	24	A9
A4	6	23	A11
A3	7	22	$\overline{OE}$
A2	8	21	A10
A1	9	20	$\overline{CE}$
A0	10	19	O7
O0	11	18	O6
O1	12	17	O5
O2	13	16	O4
GND	14	15	O3

(a) 引脚图

引脚	功能
A0～A13	地址线
O0～O7	数据线
$\overline{CE}$	片选线
$\overline{OE}$	数据输出选通线
V_{PP}	编程电源
$\overline{PGM}$	编程脉冲输入

(b) 引脚功能

图 1－28　27128A 引脚及功能

表 1－17　27128A 工作方式选择

方式/引脚	$\overline{CE}$	$\overline{OE}$	$\overline{PGM}$	V_{PP}	V_{CC}	输出
读	L	L	H	5 V	5 V	D_{OUT}
维持	H	任意	任意	5 V	5 V	高阻
编程	L	H	L	12.5 V	6 V	D_{IN}
编程校验	L	L	H	12.5 V	6 V	D_{OUT}
编程禁止	H	任意	任意	12.5 V	6 V	高阻

五、6116 静态 RAM

6116 是 2K×8 位静态随机存储器，采用 CMOS 工艺制造，单一＋5 V 电源供电，额定功耗为 160 mW，典型存取时间为 200 ns，为 24 脚双列直插式封装，其引脚及功能如图 1－29 所示。工作方式选择见表 1－18 所示。

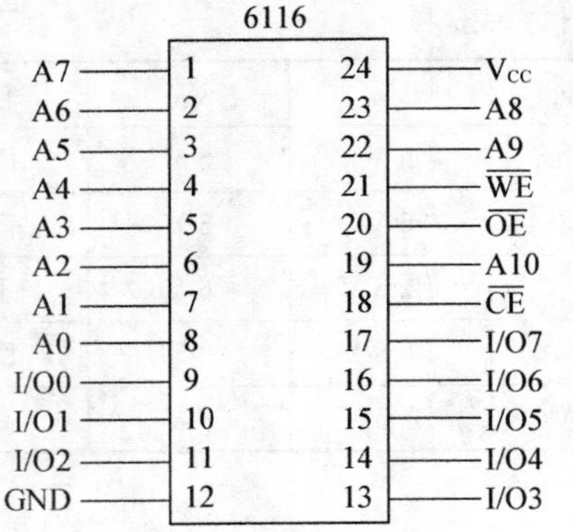

6116

引脚名	引脚号	引脚号	引脚名
A7	1	24	V_{CC}
A6	2	23	A8
A5	3	22	A9
A4	4	21	$\overline{WE}$
A3	5	20	$\overline{OE}$
A2	6	19	A10
A1	7	18	$\overline{CE}$
A0	8	17	I/O7
I/O0	9	16	I/O6
I/O1	10	15	I/O5
I/O2	11	14	I/O4
GND	12	13	I/O3

(a) 引脚图

引脚	功能
A0～A10	地址线
I/O0～I/O7	数据线(双向)
$\overline{CE}$	片选线
$\overline{OE}$	读允许线
$\overline{WE}$	写允许线

(b) 引脚功能

图 1－29　6116 引脚及功能

表 1－18　6116 工作方式选择

$\overline{CE}$	$\overline{OE}$	$\overline{WE}$	方式	D0～D7
H	×	×	未选中	高阻
L	L	H	读	D_{OUT}
L	H	L	写	D_{IN}
L	L	L	写	D_{IN}

六、6264 静态 RAM

6264 是 8K×8 位静态随机存储器，采用 CMOS 工艺制造，单一＋5 V 电源供电，额定功耗为 200 mW，典型存取时间为 200 ns，为 28 脚双列直插式封装，其引脚及功能如图 1－30 所示。工作方式选择见表 1－19 所示。

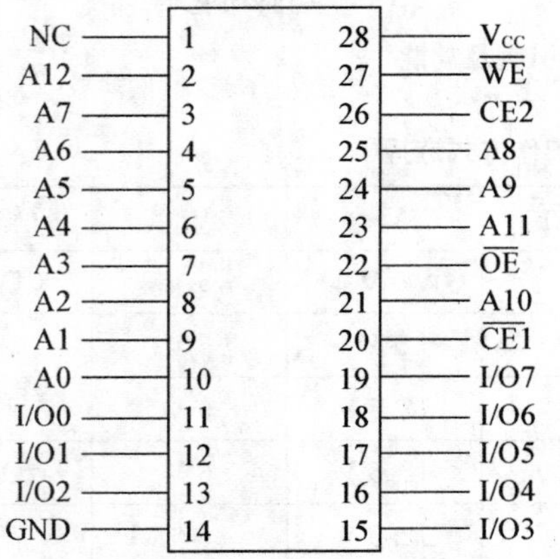

引脚名	引脚号	引脚号	引脚名
NC	1	28	V_{CC}
A12	2	27	$\overline{WE}$
A7	3	26	CE2
A6	4	25	A8
A5	5	24	A9
A4	6	23	A11
A3	7	22	$\overline{OE}$
A2	8	21	A10
A1	9	20	$\overline{CE1}$
A0	10	19	I/O7
I/O0	11	18	I/O6
I/O1	12	17	I/O5
I/O2	13	16	I/O4
GND	14	15	I/O3

(a) 引脚图

引脚	功能
A0～A12	地址线
I/O0～I/O7	数据线(双向)
$\overline{CE1}$	片选线 1
$\overline{OE}$	读允许线
CE2	片选线 2
$\overline{WE}$	写允许线

(b) 引脚功能

图 1－30　6264 引脚及功能

表 1-19　6264 工作方式选择

$\overline{CE1}$	CE2	$\overline{OE}$	$\overline{WE}$	方式	D0～D7
H	×	×	×	未选中(掉电)	高阻
×	L	×	×	未选中(掉电)	高阻
L	H	H	H	输出禁止	高阻
L	H	L	H	读	D_{OUT}
L	H	H	L	写	D_{IN}
L	H	L	L	写	D_{IN}

1.6.1.3　单片机存储器扩展方法

单片机存储器扩展就是使用单片机提供的三总线引脚信号与存储器芯片的地址、数据线和控制信号线相连，从而实现对存储器中的各数据单元的读写。因为系统中可能进行多个存储器的扩展，为了使单片机的地址总线提供的地址信号唯一选通某个芯片的某个单元，需要使用片选信号唯一选通一个芯片。因此，存储器扩展最重要的设计工作就是如何设计片选信号引脚的连接关系。另外数据存储器的读写和程序存储器的读操作在单片机中使用不同的指令实现，单片机发出读写控制信号的引脚也不同。其中，数据存储器的读写信号引脚分别是$\overline{RD}$、$\overline{WR}$信号线，而程序存储器的读信号线是$\overline{PSEN}$。因此，数据存储器扩展和程序存储器的扩展相比，不同的是所使用的读数据的控制信号不同，且两者的地址是相互独立编址的，互不冲突。

使用多片存储器芯片进行存储容量扩展时，地址线、数据线和读写控制线均并联。由于地址线并联，为保证并联数据线上没有信号冲突，必须用片选信号区别不同芯片的地址空间，所以设计时主要考虑片选信号的产生方法，这里，主要有线选法和译码法。另外，当扩展程序存储器时，芯片的输出允许引脚$\overline{OE}$接单片机的$\overline{PSEN}$；当扩展数据存储器时，芯片的输出允许引脚$\overline{OE}$接单片机的$\overline{RD}$，芯片的写入允许引脚$\overline{WE}$接单片机的$\overline{WR}$。

1.6.1.4　利用三总线扩展程序存储器

下面介绍几种典型的 EPROM 的扩展电路。

一、扩展 2 KB 的 EPROM

图 1-31 是扩展 2 KB 的 EPROM 线路图。图中的 8D 锁存器 74LS373 的三态控制端$\overline{OE}$接地，以保持输出常通。其三态输出还有一定的驱动能力，G 端与 ALE 相连接，每当 ALE 下跳变时，74LS373 锁存低 8 位地址 A0～A7。

2716 是 2K×8 位的 EPROM 芯片，有 11 根地址线 A0～A10，其中，低 8 位地址线通过锁存器与 8051 的 P0 口连接，高三位地址线与 8051 的 P2.0～P2.2 相连。当 8051 发出 11 位地址信息时，分别选中 2716 片内 2 KB 存储器中各单元。2716 的 8 位数据线直接与 8051 的 P0 口相连。2716 的$\overline{OE}$端是输出使能端，与单片机的$\overline{PSEN}$端相连，当$\overline{PSEN}$有效时，把 2716 中的指令或数据送入 P0 口线。2716 的$\overline{CE}$引脚为片选信号输入端，低电平有效，当$\overline{CE}$有效时，表示选中该芯片。该片选信号决定了 2716 的 2 KB 存储器在整个 64 KB 程序存储器空间的位置。外部程序存储器采用单片电路时，其片选端可直接接地。

根据上述电路接法,2716 占有的程序存储器地址空间为 0000H～07FFH,见表 1-20 所示。

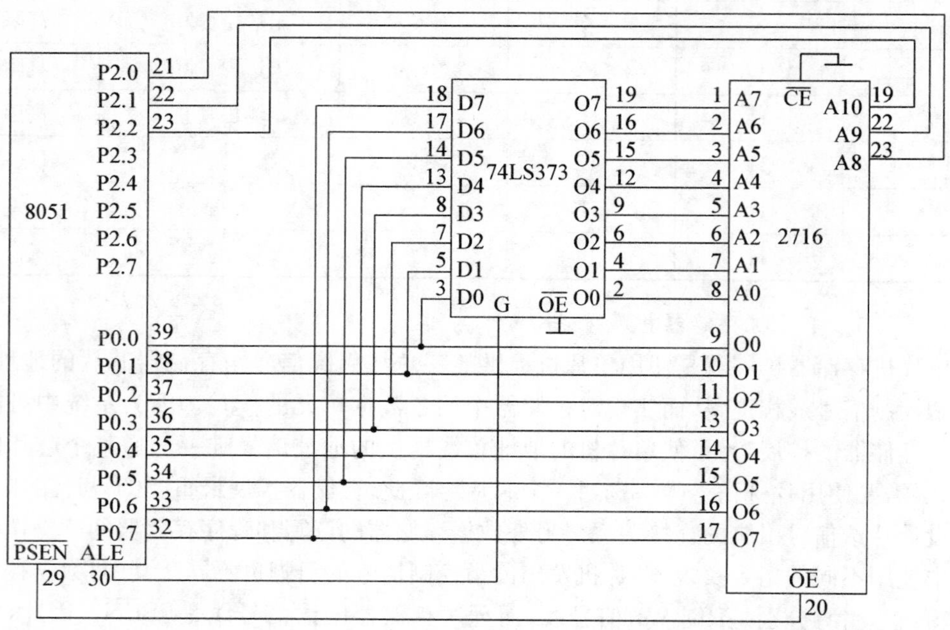

图 1-31　扩展 2 KB 的程序存储器

表 1-20　2716 的寻址范围

A15	A14	A13	A12	A11	A10	A9	A8	A7	A6	A5	A4	A3	A2	A1	A0	寻址范围
P2.7	P2.6	P2.5	P2.4	P2.3	P2.2	P2.1	P2.0	P0.7	P0.6	P0.5	P0.4	P0.3	P0.2	P0.1	P0.0	
×	×	×	×	×	0	0	0	0	0	0	0	0	0	0	0	0000H
×	×	×	×	×	1	1	1	1	1	1	1	1	1	1	1	07FFH

注:P2.7～P2.3 为无关位,可以是全 0 或全 1。

关于 MCS-51 系列单片机的$\overline{EA}$端的接法如下:当选用无片内 ROM 的 8031 单片机时,$\overline{EA}$端必须接地,使全部程序都在扩展系统的 ROM 中运行;若选用带有 4 KB 片内 ROM 的 8051 或 8751 单片机时,$\overline{EA}$接高电平,系统从内部程序存储器开始读 4 KB 的程序,然后自动转到外部程序存储器读程序,以充分利用单片机内部的程序存储器。此时,片外 ROM 的起始地址应该安排在 1000H。

P2 口用作扩展程序存储器的高 8 位地址线,即使没有全部占用,但空余的几根线已不宜做通用 I/O 口线,否则将给软件的编写和使用带来相当多的麻烦。一般情况下,空余的高位地址线可作为其他芯片的片选线,或作为译码器的输入。

二、扩展 4 KB 的 EPROM

扩展 4 KB 的 EPROM 如图 1-32 所示。2732 是 4K×8 位 EPROM 器件,有 12 根地址线 A0～A11,2732 与 8051 的连接同 2716 类似,其中,低 8 位地址线通过锁存器与 8051 的 P0 口相连,高 4 位地址线与 8051 的 P2.0～P2.3 相连。当 8051 发出 12 位地址

信息时,可以选中 4 KB 程序存储器中任何单元。同样,2732 的 8 根数据线直接与 8051 的 P0 口相连。2732 的$\overline{OE}$直接与 8051 的$\overline{PSEN}$端相连,2732 的片选信号$\overline{CE}$接地。显然该 2732 占用的地址空间可以为 0000H～0FFFH,见表 1－21 所示。图中地址锁存器选用 8282 器件,它的功能与 74LS373 一样,前者属于 Intel 系列器件,后者是 74LS 系列通用 TTL 器件。

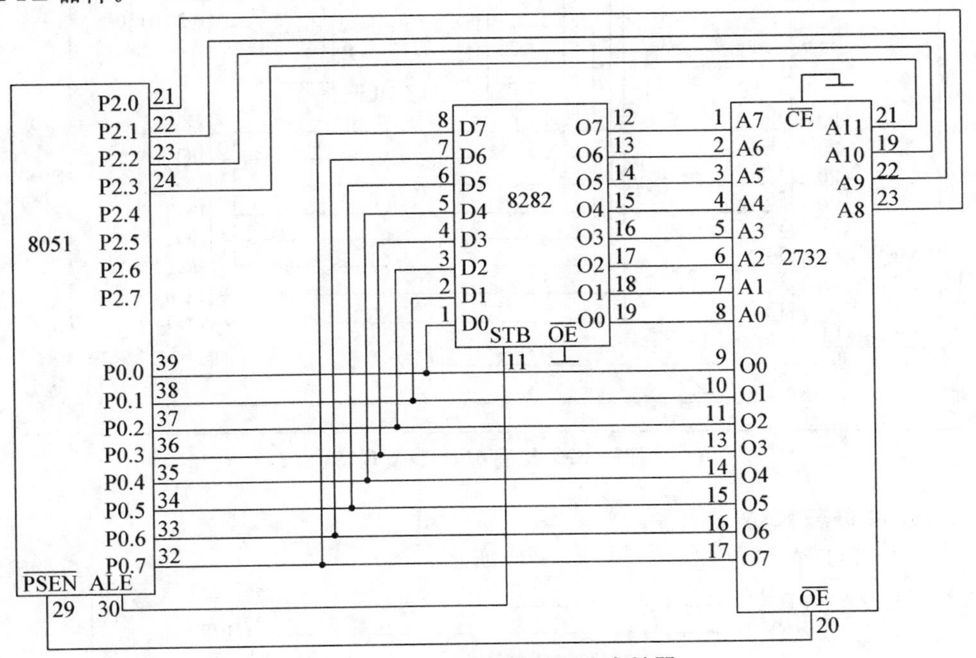

图 1－32　扩展 4 KB 的程序存储器

表 1－21　2732 的寻址范围

A15	A14	A13	A12	A11	A10	A9	A8	A7	A6	A5	A4	A3	A2	A1	A0	寻址范围
P2.7	P2.6	P2.5	P2.4	P2.3	P2.2	P2.1	P2.0	P0.7	P0.6	P0.5	P0.4	P0.3	P0.2	P0.1	P0.0	
×	×	×	×	0	0	0	0	0	0	0	0	0	0	0	0	0000H
×	×	×	×	1	1	1	1	1	1	1	1	1	1	1	1	0FFFH

注:P2.7～P2.4 为无关位,可以是全 0 或全 1。

1.6.1.5　利用三总线扩展数据存储器

数据存储器空间地址同程序存储器一样,由 P2 口提供高 8 位地址,P0 口分别提供低 8 位地址和 8 位双向数据线,数据存储器的读和写由$\overline{RD}$和$\overline{WR}$信号控制。下面介绍几种典型的 RAM 的扩展电路。

一、6116 静态 RAM 的扩展

6116 与 8051 的硬件连接如图 1－33 所示。

6116 的地址线、数据线的接法同程序存储器的接法一样,6116 的写允许$\overline{WE}$和读允许$\overline{OE}$分别与 8051 的$\overline{WR}$(P3.6)和$\overline{RD}$(P3.7)连接,以实现写/读控制,6116 的片选控制端$\overline{CE}$接地常选通。在扩展一片 RAM 时,这是一种最简单的连接方法。

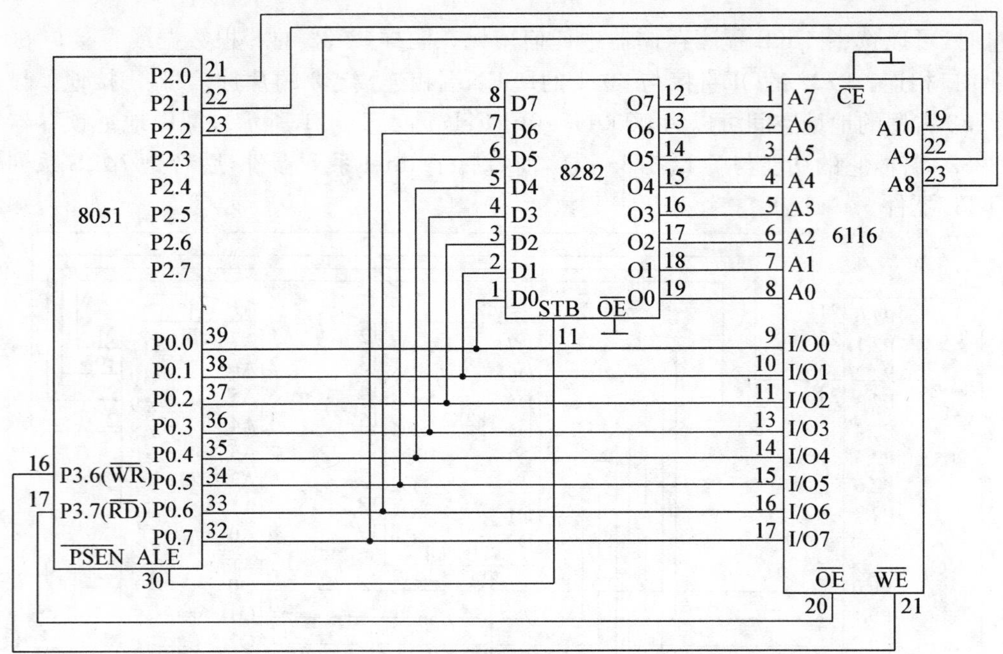

图 1－33　扩展 6116 静态 RAM

二、6264 静态 RAM 的扩展

6264 与 8031 的硬件连接图如图 1－34 所示。

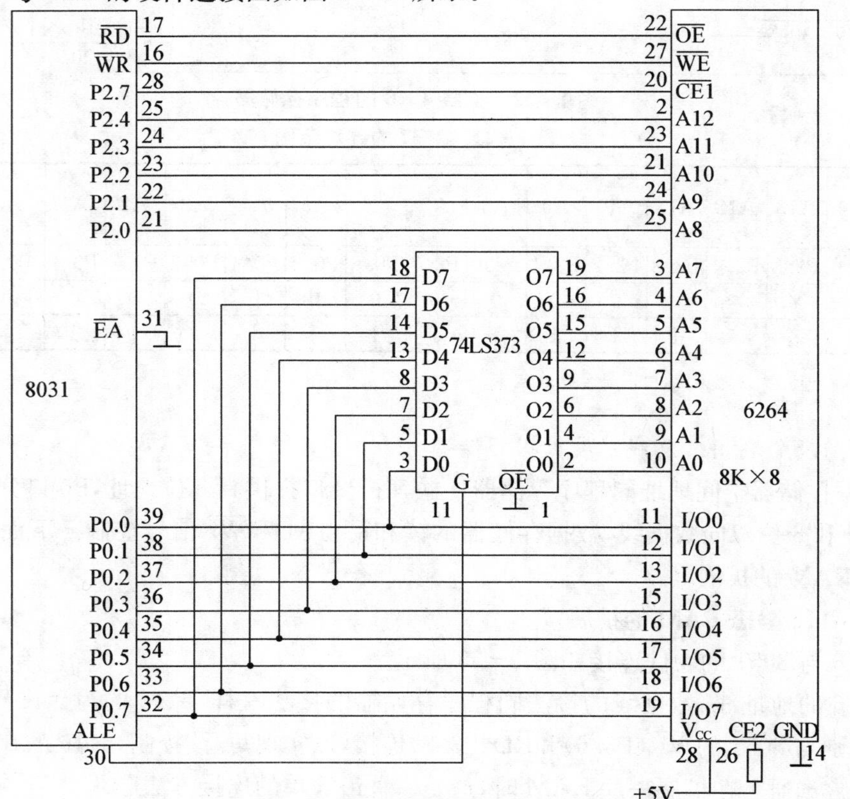

图 1－34　扩展 6264 静态 RAM

在图 1-34 中，6264 的片选线$\overline{CE1}$接 8031 的 P2.7，第二片选线 CE2 接高电平，保持一直有效状态，6264 是 8 KB 容量的 RAM，故使用了 13 根地址线。

1.6.2 并行 I/O 接口的扩展

扩展 I/O 口主要使用通用的可编程的 I/O 接口芯片和 TTL、CMOS 锁存器、缓冲器芯片。下面分别讲述这两种接口的扩展方法。

1.6.2.1 简单的 I/O 口的扩展

一、简单输入口

在扩展输入口时，主要应解决输入缓冲的问题，所以简单输入接口的扩展一般使用的扩展电路是三态缓冲器。扩展简单输入接口常用的芯片有 74LS244，74LS245，其引脚图和控制信号的功能描述如图 1-35、图 1-36 及表 1-22、表 1-23 所示。

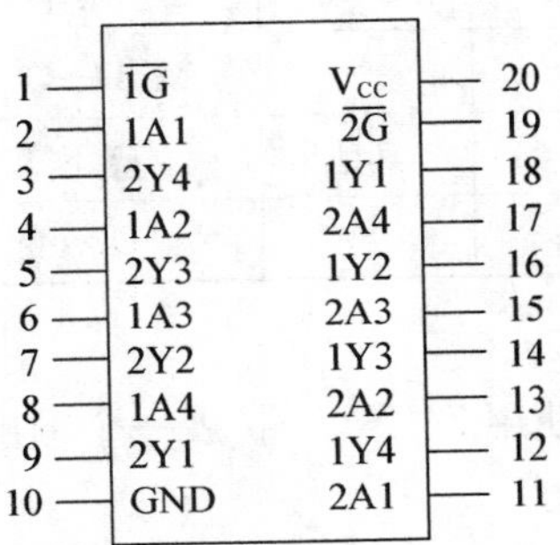

图 1-35 74LS244 的引脚图

1 DIR
2 A1
3 A2
4 A3
5 A4
6 A5
7 A6
8 A7
9 A8
10 GND
20 V_{CC}
19 $\overline{G}$
18 B1
17 B2
16 B3
15 B4
14 B5
13 B6
12 B7
11 B8

图 1-36 74LS245 的引脚图

表 1-22 74LS244 的功能表

$\overline{1G}$	$\overline{1G}$	操作
L	H	1A→1Y
H	L	2A→2Y
L	L	1A→1Y 2A→2Y
H	H	隔开

表 1-23 74LS245 的功能表

$\overline{G}$	DIR	操作
L	L	B→A
L	H	A→B
H	×	隔开

二、简单输出口

对于简单的输出接口的扩展，必须解决输出锁存的问题，所以简单输出接口的扩展电路是锁存器。常用的典型扩展芯片有 74LS273，74LS377。其引脚图和控制信号的功能描述如图 1-37、图 1-38 及表 1-24、表 1-25 所示。

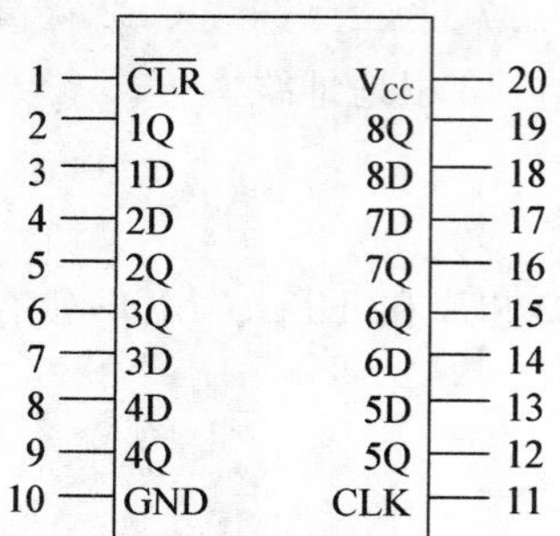

图 1-37 74LS273 的引脚图

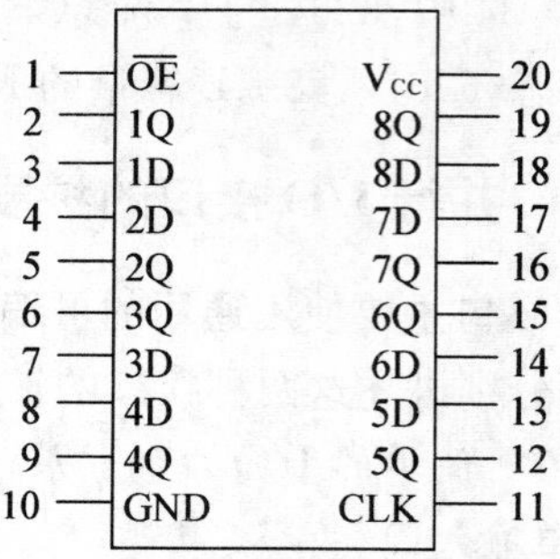

图 1-38 74LS377 的引脚图

表 1-24 74LS273 的功能表

$\overline{CLR}$	CLK	操作
L	×	Q 清零
H	↑	D→Q
H	其他	Q 不变

表 1-25 74LS377 的功能表

$\overline{OE}$	CLK	操作
L	↑	D→Q
L	其他	Q 不变
H	×	Q 不变

三、简单输入输出口扩展

下面使用一片 74LS244 扩展一个输入口，同时，使用 74LS273 扩展一个输出口，扩展电路如图 1-39 所示。

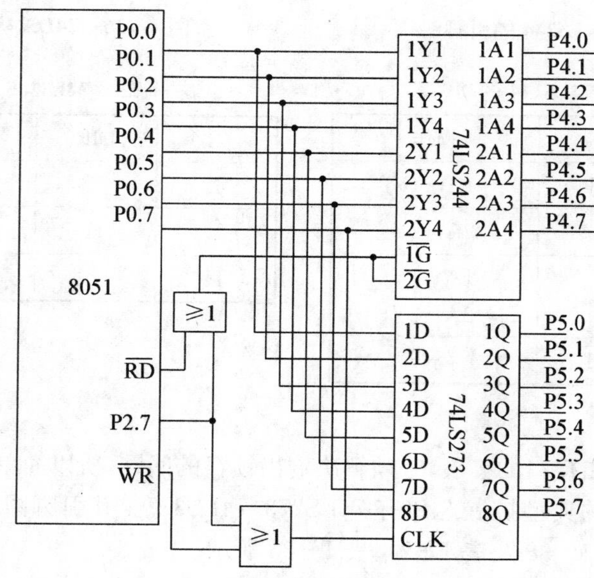

图 1-39 简单 I/O 口扩展电路

图 1-39 中，P0 为双向数据口，既能从 74LS244 输入数据，又能将数据传送给 74LS273 输出。地址信号线使用 P2.7，控制信号为$\overline{RD}$和$\overline{WR}$，使用 MOVX 进行数据读写控制，扩展的两个端口 P4 和 P5 分别为输入口和输出口。两个端口使用同一个地址范围，即只要 16 位地址数据中最高位 A15 为 0 即可，其他地址数据可为任意值。

从扩展端口 P4 读入数据的汇编语言指令为：

MOV DPTR，#07FFFH；数据指针指向扩展 I/O 口地址

MOVX A，@DPTR；从 74LS244 读入数据

向扩展端口 P5 写数据的指令为：

MOV DPTR，#07FFFH；数据指针指向扩展 I/O 口地址

MOVX @DPTR，A；向 74LS273 输出数据

另外，本例中的扩展端口所使用的方法为线选法，当 P2.7 为 0 时，选通了扩展的端口 P4 和 P5，因此，当 P2.7 为 0，而其他地址线为 0 或 1 的任意组合的 32K 个地址只能选通扩展的端口 P4 和 P5，这样，就无形中浪费了很多地址。如果地址空间足够用，可以考虑使用该地址选通方式，否则应使用地址译码方式，特别是在端口扩展和存储器扩展同时存在的情况下，为了节省地址空间，扩展端口的选通多使用地址译码方法，而不使用简单的线选方式。

以上指令利用汇编语言来实现，利用 C 语言也可以实现同样的功能，这里不再叙述。

1.6.2.2 可编程并行 I/O 接口的扩展

可编程接口芯片是其芯片的接口功能可由指令来加以改变的接口芯片。在 MCS-51 单片机中常用的两种接口芯片是 8255 可编程通用并行接口芯片及 8155 带 256 字节 RAM 和 14 位定时/计数器的可编程并行接口芯片。本节主要介绍 8255 的使用方法。

一、8255A 的逻辑结构

8255A 是可编程的并行输入/输出接口芯片，内部结构按功能可分为 3 个逻辑电路部分，即口电路、总线接口电路和控制逻辑电路，如图 1-40 所示。

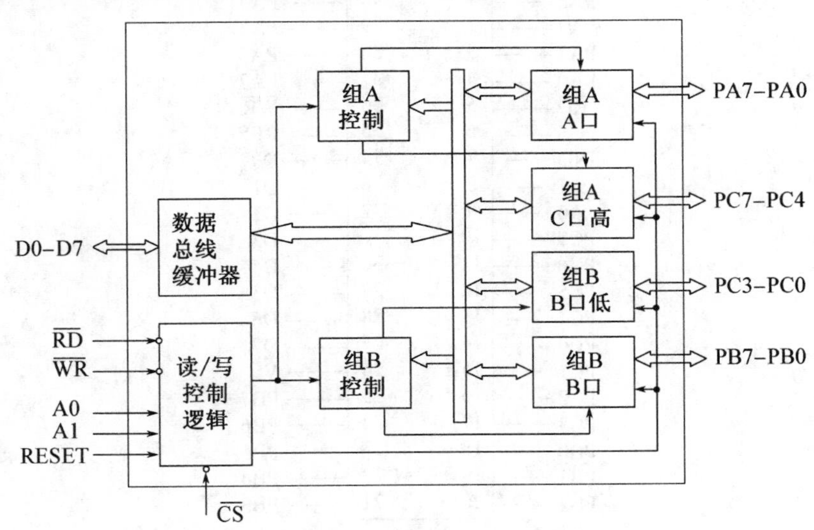

图 1-40 8255A 的内部结构

8255A 内部有数据总线驱动器、3 个并行 I/O 端口、读/写控制逻辑、A 组和 B 组控制电路。

1. 数据总线驱动器

这是双向三态的 8 位驱动口，用于和单片机的数据线相连，以实现单片机与 8255 之

间的数据传送。

2. 3个并行I/O端口

A口:具有一个8位数据输出锁存/缓冲器和一个8位数据输入锁存器,是最灵活的输入寄存器,为可编程8位输入输出或双向寄存器。

B口:具有一个8位数据输出锁存/缓冲器和一个8位数据输入缓冲器(不锁存),为可编程8位输入输出寄存器,但不能双向输入/输出。

C口:具有一个8位数据输出锁存/缓冲器和一个8位数据输入缓冲器(不锁存),这个口可分为两个4位口使用。C口除了做输入输出口使用外,还可以作为A口、B口选通方式操作时的状态控制信号。

3. 读/写控制逻辑

它用于管理所有的数据、控制字或状态字的传送。它接收单片机的地址信号和控制信号来控制各个口的工作状态。

4. A组和B组控制电路

这是两组根据CPU的命令字控制8255工作方式的电路。每组控制电路从读、写控制逻辑接收各种命令,从内部数据总线接收控制字并发出适当的命令到相应的端口。

A组控制电路,控制A口和C口的上半部(PC4~PC7)的工作方式和输入/输出;B组控制电路,控制B口和C口的下半部(PC0~PC3)的工作方式和输入/输出。

二、8255A的引脚功能

8255有40个引脚,引脚图如图1-41所示,具体功能如下:

引脚	编号	编号	引脚
PA3	1	40	PA4
PA2	2	39	PA5
PA1	3	38	PA6
PA0	4	37	PA7
$\overline{RD}$	5	36	$\overline{WR}$
$\overline{CS}$	6	35	RESET
GND	7	34	D0
A1	8	33	D1
A0	9	32	D2
PC7	10	31	D3
PC6	11	30	D4
PC5	12	29	D5
PC4	13	28	D6
PC0	14	27	D7
PC1	15	26	V_{CC}
PC2	16	25	PB7
PC3	17	24	PB6
PB0	18	23	PB5
PB1	19	22	PB4
PB2	20	21	PB3

(芯片标注:8255)

图1-41　8255引脚定义

1. 数据总线

D0~D7、PA0~PA7、PB0~PB7、PC0~PC7,此32条数据线均为双向三态,其中D0~D7用于传送CPU与8255之间的命令与数据,PA0~PA7、PB0~PB7、PC0~PC7分别是口A、B、C的对应口线,用于8255与外设之间传送数据。

2. 控制线：$\overline{RD}$、$\overline{WR}$、RESET

$\overline{RD}$：读信号，输入信号线，低电平有效。当这个引脚为低电平时，8255 输出数据或状态信息到 CPU，即 CPU 对 8255A 进行读操作。

$\overline{WR}$：写信号，输入信号线，低电平有效。当这个引脚为低电平时，8255 接收 CPU 输出的数据或命令，即 CPU 对 8255A 进行写操作。

RESET：复位信号，输入信号线，高电平有效。此引脚为高电平时，所有 8255 内部寄存器都清零，所有通道都初始化为输入方式。24 条 I/O 引脚为高阻状态。

3. 寻址线：$\overline{CS}$、A0、A1

$\overline{CS}$：片选信号，输入信号线，低电平有效。当这个引脚为低电平时，8255 被 CPU 选中。

A0、A1：这是两条输入信号线，当$\overline{CS}$有效时，这两位的 4 种组合 00、01、10、11 分别用来选择 A、B、C 口和控制寄存器，一片 8255 共有 4 个地址单元。寻址线功能见表 1-26 所示。

表 1-26　8255A 地址对照表

$\overline{CS}$	A1	A0	选择的端口
0	0	0	A 口
0	0	1	B 口
0	1	0	C 口
0	1	1	控制字
1	*	*	输出高阻

三、8051 与 8255A 接口电路

8051 单片机与 8255 的接口比较简单，如图 1-42 所示，8255 的片选信号$\overline{CS}$及口地址选择线 A0、A1 分别由 8051 的 P0.7 和 P0.0、P0.1 经地址锁存后提供。故 8255 的 A、B、C 口及控制口地址分别可为 FF7CH、FF7DH、FF7EH、FF7FH。8255 的 D0～D7 分别与 8051 的 P0.0～P0.7 相连。8255 的复位端与 8051 的复位端相连，都接到 8051 的复位电路上。另外 8051 的$\overline{RD}$、$\overline{WR}$与 8255 的$\overline{RD}$、$\overline{WR}$一一对应相连。片选信号$\overline{CS}$也可以使用 P2 口的高 8 位地址线选通。如果系统在片外扩展有数据存储器时，$\overline{CS}$应使用数据存储器扩展时未被使用的高位地址线选通，或用未被使用的高位地址线译码后选通，以保证单片机发出的地址信号唯一选通一个扩展端口或存储单元，而不会出现地址冲突的现象。

四、8255A 控制字及初始化编程

8255 工作方式的选择是通过对控制口输入控制字（或称命令字）的方式实现的。控制字有方式选择控制字和 C 口置位/复位控制字。

1. 工作方式控制字

工作方式控制字用于指定 8255A 的工作方式及此方式下 3 个并行端口（PA、PB、PC）的功能，是作输入还是作输出。控制字为 8 位，其中最高位是特征位，一定要写 1，其

余各位定义如图 1-43 所示，可根据用户的设计要求填写 1 或 0。

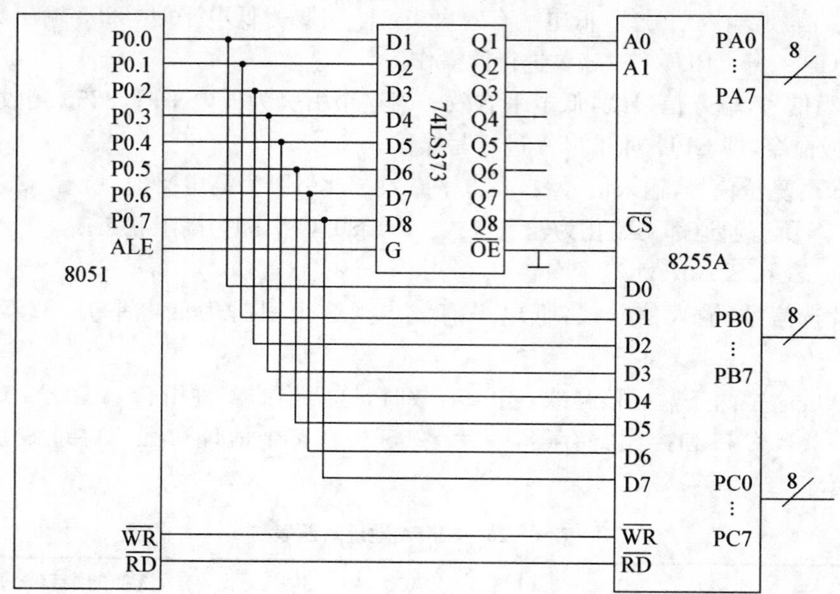

图 1-42　8051 与 8255A 接口电路

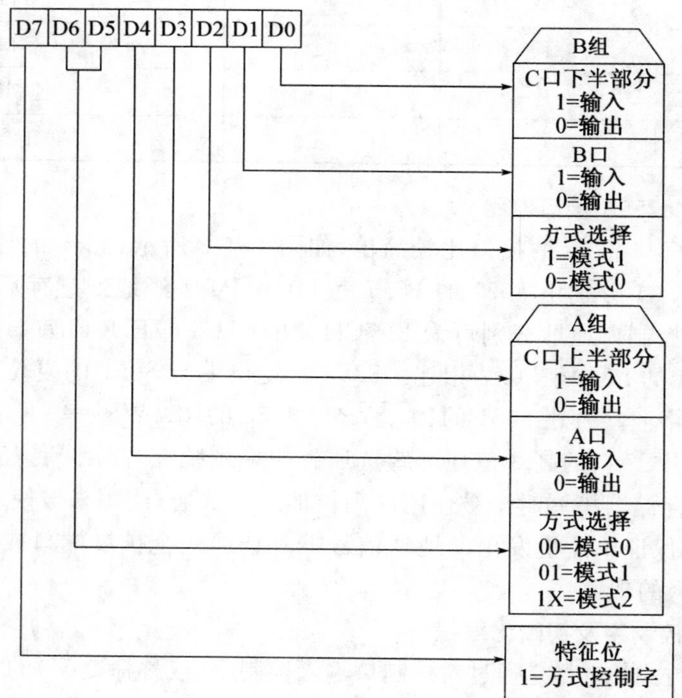

图 1-43　8255A 的工作方式控制字

2. C 口置位/复位控制字

该控制字用来指定 PC 口的某一位(某一个引脚)输出高电平或低电平。最高位是特征位,一定要写 0,其余各位的定义如图 1-44 所示。

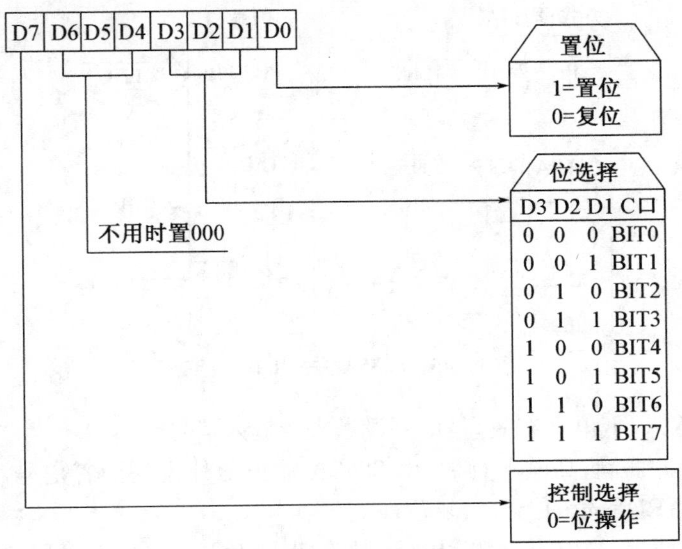

图 1-44 8255A 的 C 口置位/复位控制字

五、8255A 的工作方式及数据 I/O 操作

8255A 的工作方式与端口有关,PA 口有三种方式,分别为 0 方式、1 方式、2 方式,PC 口被分为两个部分,上半部分随 A 口,称为 A 组,下半部分随 B 口,称为 B 组。PB 只有两种方式,分别为 0 方式、1 方式。

1. 方式 0

方式 0 是一种基本输入/输出工作方式。在这种方式下,通常不用联络信号,或不使用固定的联络信号,使用无条件传送方式进行数据传输,并且是单向 I/O,一次初始化只能指定端口(PA、PB 和 PC)作输入或输出,不能指定端口同时既作输入又作输出。作输出口时,输出的数据被锁存;作输入口时,输入的数据不锁存。根据工作方式控制字的 D4,D3,D1,D0 位的变化,方式 0 有 16 种不同的端口输入输出组合方式。

2. 方式 1

方式 1 是一种选通输入/输出工作方式,因此,CPU 需通过专用的联络信号线或应答信号线与 I/O 设备联络。这种方式通常用于查询传送或中断传送,数据的输入输出都有锁存功能。PA 和 PB 为数据口,而 PC 口的大部分引脚作专用(固定)的联络信号,用户不能再指定作其他作用。各联络信号线之间有固定的时序关系,传送数据时,要严格按照时序进行。

(1) 方式 1 输入的联络信号线定义及时序。

方式控制字为 1011X11X(A 口工作于方式 1,输入;B 口工作于方式 1,输入)。因为输入是从 I/O 设备向 8255A 送入数据,因此,I/O 设备应先把数据准备好并送到 8255A,然后 CPU 再从 8255A 读取数据。在这个传递的过程中,需要使用一些联络信号线。因此，当A口和B口为输入时，分别指定了C口的3根线作为8255A与外设及CPU之间的应答信号，其各位分配如图1-45所示，除此以外，C口的其他口线可以通过控制字设置成输入或输出方式，作为I/O口使用。

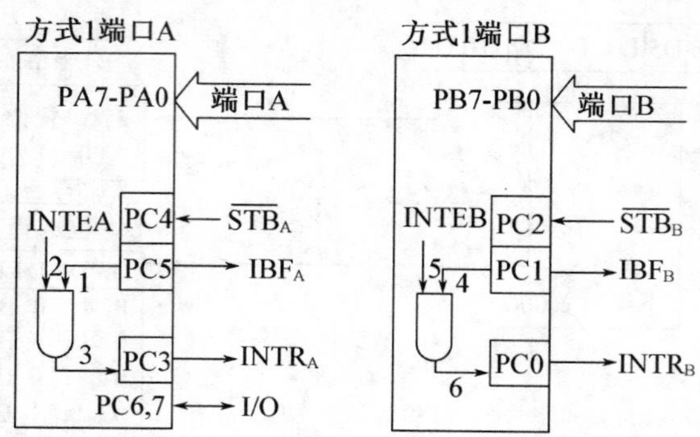

图1-45　8255A方式1输入组态

$\overline{\text{STB}}$：选通输入，低电平有效，是由外设送来的输入信号。

IBF：输入缓冲器满，高电平有效，由8255A输出给外设的回答信号。它由$\overline{\text{STB}}$信号的下降沿置位，由$\overline{\text{RD}}$信号的上升沿复位。

INTR：中断请求，高电平有效，由8255A输出给CPU的，向CPU发中断请求。

INTEA/INTEB：A口或B口中断允许信号，其中，INTEA由PC4的置位/复位来控制，INTEB由PC2的置位/复位来控制。方式1输入的工作时序如图1-46所示。

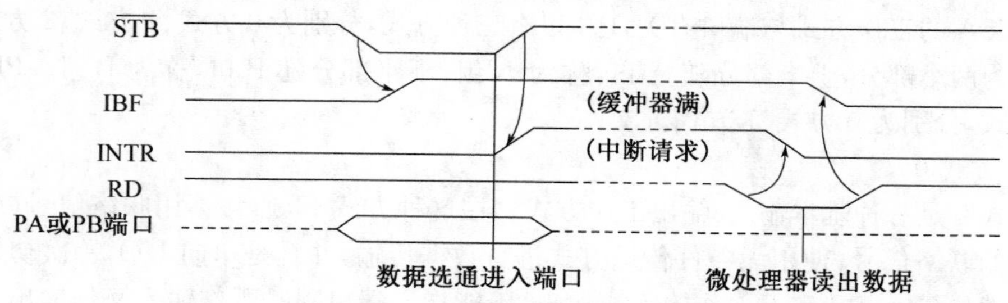

图1-46　8255A方式1输入时序

外部设备数据准备好后，使$\overline{\text{STB}}$有效，将数据通过PA或PB口送入8255A的输入缓冲器，使IBF有效，$\overline{\text{STB}}$变高数据锁存，同时在中断允许(INTE=1)的情况下使INTR有效向CPU提中断。CPU响应中断后，在中断服务程序中，执行外部存储器读指令，$\overline{\text{RD}}$有效时8255A清INTE位，$\overline{\text{RD}}$上升沿清IBF。

另外，INTEA或INTEB位是控制标志位，可以控制8255A能否提出中断请求，因此，它不是I/O操作过程中自动产生的状态，而是由程序通过设位置位或复位命令来设置或清除相应PC口线来实现的，具体见表1-27所示。

表 1-27 中断允许控制

端口	工作方式	受控中断允许信号	允许、禁止的相应控制位
A 口	方式 1 输入	INTEA	PC4
A 口	方式 1 输出		PC6
B 口	方式 1 输入	INTEB	PC2
B 口	方式 1 输出		PC2
A 口	方式 2 输入	INTEA	PC4
A 口	方式 2 输出		PC6

(2) 方式 1 输出的联络信号线定义及时序。

方式控制字为 1010X10X(A 口工作于方式 1,输出,B 口工作于方式 1,输出),数据输出时,CPU 应先准备数据,并把数据写到 8255A 输出数据寄存器,在该方式下,8255 分别使用 C 口的 3 根线作为 8255A 与外设及 CPU 之间的应答信号,具体如图 1-47 所示。

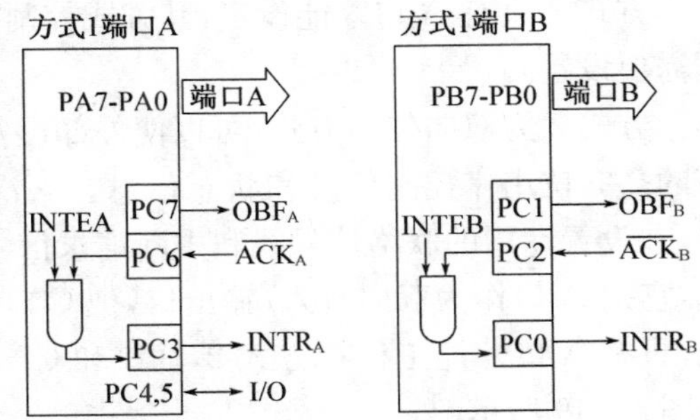

图 1-47 8255A 方式 1 的输出组态

$\overline{OBF}$:输出缓冲器满信号,低电平有效,是 8255 输出给输出设备的联络信号,表示 CPU 已把输出数据送到指定端口,外设可以将数据取走。它由$\overline{WR}$信号的上升沿置"0"(有效),由$\overline{ACK}$信号的下降沿置"1"(无效)。

$\overline{ACK}$:外设响应信号,低电平有效,表示 CPU 输出到 8255 的数据已由输出设备取走。

INTR:中断请求信号,高电平有效,由 8255A 输出给 CPU 的,向 CPU 发中断请求,表示数据已被外设取走,请求 CPU 继续输出数据。

INTEA/INTEB:A 口或 B 口中断允许信号,其中,INTEA 由 PC6 的置位/复位来控制,INTEB 由 PC2 的置位/复位来控制。

方式 1 输出的工作时序如图 1-48 所示。

CPU 向 8255A 写完一个数据后,$\overline{WR}$的上升沿使$\overline{OBF}$有效,表示 8255A 的输出缓冲器已满,通知外设读取数据,并且$\overline{WR}$使中断请求 INTR 变低,封锁中断请求。外设得到$\overline{OBF}$有效的通知后,开始读数。当外设读取数据后,用$\overline{ACK}$回答 8255A,表示数据已收到。$\overline{ACK}$的下降沿将$\overline{OBF}$置高,使$\overline{OBF}$无效,表示输出缓冲器变空,为下一次输出做准备,在中断允许(INTEA 或 INTEB 为 1)的情况下,$\overline{ACK}$上升沿使 INTR 变高,产生中断请求。CPU 响应中断后,在中断服务程序中,执行外部存储器写指令,向 8255A 写下一个数据。同样,INTEA 或 INTEB 是控制标志位,控制 8255A 能否提出中断请求,是由程序通过设位置位或复位命令来设置或清除的。

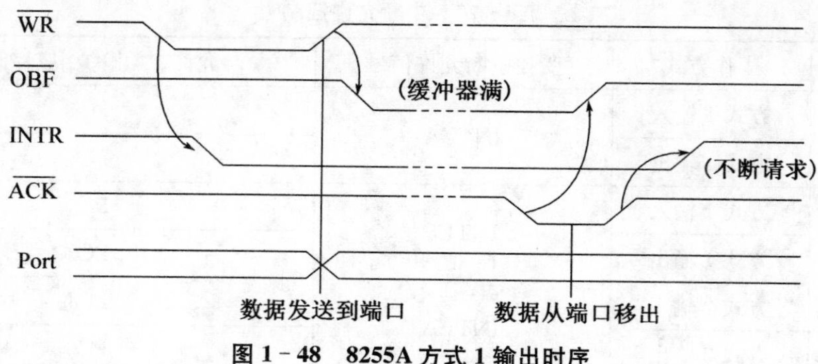

图 1-48 8255A 方式 1 输出时序

3. 方式 2

方式 2 只有 A 口才能设定,其方式控制字为 11XXXXXX(A 口工作于方式 2,B 口根据需要设置)。

方式 2 为双向传输方式,可以使外部设备利用 A 口的 8 位数据线发送和接收数据,C 口的高 5 位用作控制信息和状态信息。一次初始化可指定 PA 口既作输入口又作输出口,并设置专用的联络信号线和中断请求信号线。方式 2 是一种双向选通的输入输出方式,它把 A 口作为双向输入/输出口,把 C 口的 5 根线(PC3~PC7)作为专用的应答线,因此,只有 A 口才能工作在方式 2,B 口和 C 口余下的口线可设置为工作方式 0 或 1,具体如图 1-49 所示。

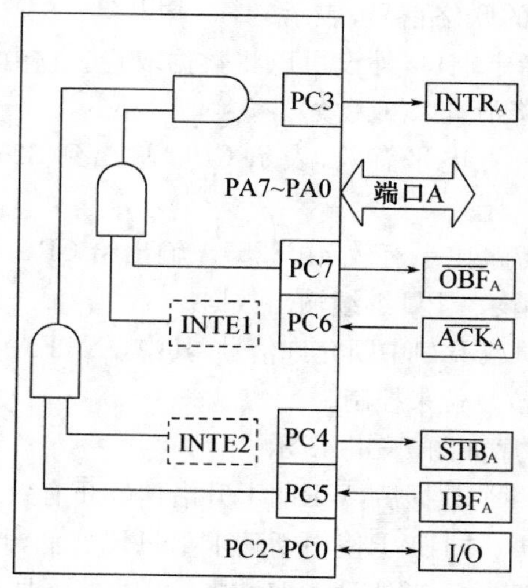

图 1-49 8255A 的 A 口方式 2 的组态

在方式 2 下,PA7~PA0 为双向 I/O 口线。当作输入总线使用时,PA7~PA0 受 $\overline{STB_A}$ 和 IBF_A 控制,其工作过程和方式 1 输入时相同;当作输出总线使用时,PA7~PA0 受 $\overline{OBF_A}$ 和 $\overline{ACK_A}$ 控制,其工作过程和方式 1 输出时相同。

对于 8255 的具体示例,基于篇幅,这里不再叙述。

思考题

1. 何谓单片机？单片机与一般微型计算机相比，具有哪些特点？

2. 单片机主要应用在哪些领域？

3. 在各种系列的单片机中，片内 ROM 的配置有几种形式？用户应根据什么原则来选用？

4. 简述控制器的组成和作用。

5. 微型计算机由哪几个部分组成？

6. 什么叫堆栈？

7. 什么是汇编语言？什么叫指令周期？

8. 什么是进位和溢出？

9. 8051 单片机内部包含哪些主要的逻辑功能部件？

10. EA/V_{PP}引脚有何功用？8031 的引脚应如何处理？为什么？

11. 8051 单片机存储器的组织结构是怎样的？

12. 片内数据存储器分为哪几个性质和用途不同的区域？

13. 单片机有哪几个特殊功能寄存器？各在单片机的哪些功能部件中？

14. PC 是什么寄存器？是否属于特殊功能寄存器？它有什么作用？

15. DPTR 是什么寄存器？它由哪些特殊功能寄存器组成？它的主要作用是什么？

16. 堆栈指示器(SP)的作用是什么？在程序设计时，为什么还要对 SP 重新赋值？

17. 在 MCS-51 单片机系统中，外接程序存储器和数据存储器共用 16 位地址线和 8 位数据线，在软件上是如何实现访问不冲突的？

18. 简述 C51 语言和汇编语言的区别。

19. 简述单片机的 C 语言的特点。

20. 简述 C51 的数据存储类型。

21. C51 的 data、bdata、idata 有什么区别？

22. C51 中的中断函数和一般的函数有什么不同？

23. 编程实现多字节 BCD 码加法。

入口条件：字节数在 R7 中，被加数在[R0]中，加数在[R1]中。

出口条件：和在[R0]中，最高位进位在 CY 中。

24. 使用汇编语言试编写一段程序，其功能为：将 30H～37H 单元依次下移(向高地址)一个单元。

25. 试编一程序，将内部 RAM 中 30H～3FH 单元数据传送到外部 RAM 中首地址为 0F00H 的单元中。

26. 内部 RAM 从 list 单元开始存放一正数表，表中之数做无序排列，并以"—1"作结束标志。编程实现在表中找出最小数。

27. 把一个二进制数的各位用 ASCII 码表示之(亦即为"0"的位用 30H 表示,为"1"的位用 31H 表示)。该数存放在内部 RAM 中 byte 单元中,变换后得到的一个 ASCII 码存放在外部 RAM 以 buf 开始的存储单元中。

28. 比较两个 ASCII 码字符串是否相等。字符的长度在内部 RAM41H 单元,第一个字符串的首地址为 42H,第二个字符串的首地址为 52H。如果两个字符串相等,则置内部 RAM40H 单元为 00H;否则置 40H 单元为 FFH。

29. 将 8000H 开始的有 200 个字节的源数据区,每隔一个单元送到 4000H 开始的数据区。在目的数据区中,每隔两个单元写一个数。如遇 0DH(回车)则传送结束。

30. 从内部 RAM 缓冲区 buffin 向外部 RAM buffout 传送一个字符串,遇 0DH 结束,置 PSW 的 F0 位"1";或传送完 128 个字符后结束,并置 PSW 的 OV 位"0"。

31. 用位操作指令书写一段程序实现下面的逻辑功能(式中"·"表示"与"运算,"+"表示"或"运算)。

P1.0=P1.2·P1.7+(P1.1+ACC.0)

32. 下列程序段中 A 和 60H 单元中的数都是符号数,当(　　　　　　　)时转向 GO1,当(　　　　　　　)时转向 GO2,当(　　　　　　　)时转向 GO3。

```
      MOV R0,A
      ANL A,#80H
      JNZ NEG
      MOV A,60H
      ANL A,#80H
      JNZ GO2
      SJMP COMP
NEG:  MOV A,60H
      ANL A,#80H
      JZ GO3
COMP: MOV A, R0
      CJNE A,60H,NEXT
      SJMP GO1
NEXT: JNC GO2
      JC GO3
```

33. 把内部 RAM 中起始地址为 DATA 的数据传送到内部 RAM 以 BUFFER 为首地址的区域,直到发现"$"字符的 ASCII 码为止,数据串的最大长度为 32 个字节。

34. 单片机用内部定时器 1 工作方式 1 以查询方式产生频率为 10 kHz 的等宽矩形波,设单片机的晶振频率为 12 MHz,请编程实现。

35. 单片机用内部定时方法产生频率为 100 kHz 等宽矩形波,假定单片机的晶振频率为 12 MHz,请编程实现。

36. 请编制串行通信的数据发送程序,发送片内 RAM50H～5FH 的 16B 数据,串行接口设定为方式 2,采用偶校验方式。设晶振频率为 6 MHz。

37. 应用单片机内部定时器 T0 工作在方式 1 下,从 P1.0 输出周期为 2 ms 的方波脉冲信号，已知单片机的晶振频率为 6 MHz。

(1) 计算时间常数 X，应用公式 $X=216-t(f/12)$。

(2) 写出程序清单。

38. 应用单片机内部定时器 T0 工作在方式 1 下，从 P1.0 输出周期为 1ms 的方波脉冲信号，已知单片机的晶振频率为 6 MHz。

(1) 计算时间常数 X，应用公式 $X=216-t(f/12)$。

(2) 写出程序清单。

39. 在使用 8051 的定时器/计数器前，应对它进行初始化，其步骤是什么？

40. 在 8051 系统中，已知振荡频率是 12 MHz，用定时器/计数器 T0 实现从 P1.1 产生周期是 2 s 的方波，试编程。

41. 在 8051 系统中，已知振荡频率是 12 MHz，用定时器/计数器 T1 实现从 P1.1 产生高电平宽度是 10 ms，低电平宽度是 20 ms 的矩形波，试编程。

42. 用单片机和内部定时器来产生矩形波，要求频率为 100 Hz，占空比为 2∶1，设单片机的时钟频率为 12 MHz，写出有关程序。

43. 应用单片机内部定时器 T0 工作在方式 1 下，从 P1.0 输出周期为 2 ms 的方波脉冲信号，已知单片机的晶振频率为 6 MHz。

(1) 计算时间常数 X，应用公式 $X=216-t(f/12)$。

(2) 写出程序清单。

44. 简述串行数据传送的特点。

45. 请编制串行通信的数据发送程序，发送片内 RAM50H～5FH 的 16B 数据，串行接口设定为方式 2，采用偶校验方式。设晶振频率为 6 MHz。

46. 简述子程序调用和执行中断服务程序的异同点。

47. 外部中断 0 引脚(P3.2)接一个开关，P1.0 接一个发光二极管。开关闭合一次，发光二极管改变一次状态，试编程。

48. MCS-51 的中断系统有几个中断源，几个中断优先级？中断优先级是如何控制的？在出现同级中断申请时，CPU 按什么顺序响应(按由高级到低级的顺序写出各个中断源)？各个中断源的入口地址是多少？

49. 在 MCS-51 单片机系统中，共有几个中断源？它们的中断入口地址分别是什么？怎样关闭所有的中断？

50. 以两片 2716 给 80C51 扩展一个 4KB 的外部程序存储器，要求地址空间与 80C51 的内部 ROM 相衔接，请画出逻辑连接图(其他所需元件自己画出)？

51. 简要说明线选法与译码法的区别。

52. 在 MCS-51 单片机系统中，外接程序存储器和数据存储器共用 16 位地址线和 8 位数据线，在软件上是如何实现访问不冲突的？

53. 8031 的扩展储存器系统中，为什么 P0 口要接一个 8 位锁存器，而 P2 口却不接？

54. 在 8031 扩展系统中，外部程序存储器和数据存储器共用 16 位地址线和 8 位数据线，为什么两个存储空间不会发生冲突？

55. 8031 单片机需要外接程序存储器，实际上它还有多少条 I/O 线可以用？当使用外部存储器时，还剩下多少条I/O线可用？

56. 试编程对8155进行初始化，设A口为选通输出，B口为选通输入，C口作为控制联络口，并启动定时器/计数器按方式1工作，工作时间为10 ms，定时器计数脉冲频率为单片机的时钟频率24分频，f_{osc}=12 MHz。

57. 8031扩展8255A，将PA口设置成输入方式，PB口设置成输出方式，PC口设置成输出方式，给出初始化程序。

第二篇　系统开发与实战训练篇

本篇为系统开发与实战训练篇，是本书的重点，主要包括第二章、第三章、第四章、第五章。其中，第二章讲解系统开发与实战训练之开发系统及开发环境。第三章讲解系统开发与实战训练之模块设计，重点以模块化设计为基础讲解各个基本电路系统，设计模块包括键盘（独立式及矩阵式）模块，显示模块（发光二极管 LED 显示、数码管及 LCD 显示），A/D、D/A 转换模块，蜂鸣器模块，温度测试模块，在每个模块扩展功能时，所用到的其他电路都尽量选择本章所述的相关模块，且保证每个模块都具有完整的程序及电路设计。第四章为系统开发与实战训练之基础训练，设计提出一些相当于课程设计难度的简单任务，主要包括交通灯控制器的设计、抢答器的设计、密码锁的设计、计算器的设计，并尽量利用第三章的各个模块搭建完成各个任务。第五章为系统开发与实战训练之应用系统开发，设计提出若干相当于毕业设计难度的复杂任务，主要包括来电显示和语音自动播报系统以及语音万年历的开发任务，并给出各个设计任务的软件设计过程及电路。通过对本章的学习，使得学生们循序渐进地掌握单片机的设计方法，并学会模块化设计方式，最终使得学生对单片机的掌握水平达到可以独立完成设计任务的高度。

第二章　系统开发与实战训练之开发系统及开发环境

本章为系统开发与实战训练篇，主要介绍了单片机开发过程需要用到的常见技术、软件使用方法。其中，重点介绍 Keil 51 集成开发环境，包括 Keil 51 软件包及其安装过程；然后介绍 Keil C 软件的操作说明和调试范例，包括如何创建 Keil C51 应用程序，如何进行编译连接环境设置以及程序的编译、连接；最后介绍了常用的 stc-isp 单片机下载程序的使用方法。通过这一章的学习，可以让学习者了解单片机设计的具体过程以及所用到具体软件的使用方法，从而为今后完成实际项目打下实践基础。

2.1　Keil 51 集成开发环境

2.1.1　Keil 51 软件包及其安装

一、Keil 51 软件简介

Keil C51 是美国 Keil Software 公司出品的 51 系列兼容单片机 C 语言软件开发系统，是目前最流行的 MCS－51 系列单片机的软件，Keil 提供包括 C 编译器、宏汇编、连接器、库管理和一个功能强大的仿真调试器等在内的完整开发方案，通过一个集成开发环境（μVision）将这些部分组合在一起。利用 Keil C51 编辑环境可以完成编辑、编译、连接、调试、仿真等整个开发流程，开发人员可用其本身或其他编辑器编辑 C 或汇编语言源程序文件，然后分别由 C51 及 A51 编译器编译生成目标文件(. OBJ)。目标文件可由 LIB51 创建生成库文件，也可以与库文件一起经 L51 连接定位生成绝对目标文件(. ABS)。ABS 文件由 OH51 转换成标准的 Hex 文件，以供调试器 dScope51 或 tScope51 使用，进行源代码级调试，也可由仿真器使用，直接对目标板进行调试，或者直接写入程序存储器，如 PROM 中。

二、Keil 软件的安装

运行 Keil 软件需要 Pentium 或以上的 CPU，16 MB 或更多容量的 RAM，20M 以上空闲的硬盘空间，Win98、NT、Win2000、WinXP 等操作系统。Keil 软件的安装过程一般如下：

步骤一　将带有 Keil 安装软件的光盘放入光驱里，打开光驱中带有 Keil 安装软件的文件夹，双击 Setup 文件夹中“Setup”即开始安装，出现如图 2－1 所示的安装界面。

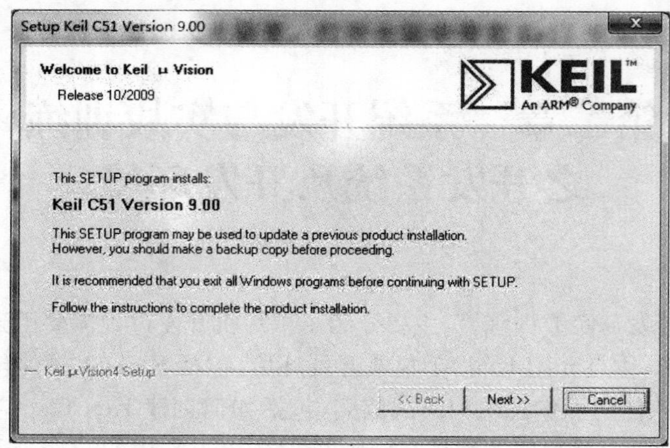

图 2-1　安装欢迎界面

步骤二　单击“Next”,进入下一步如图 2-2 所示的协议认可对话框。

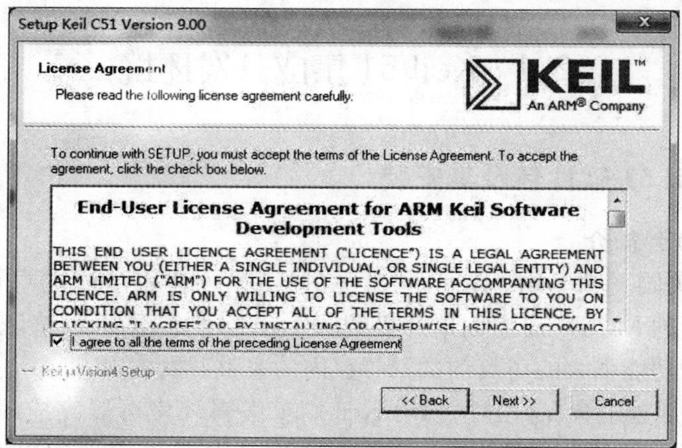

图 2-2　协议认可对话框

步骤三　把图 2-2 中的复选框的选择项选中。单击“Next”,进入下一步如图 2-3 所示的选择安装路径对话框。

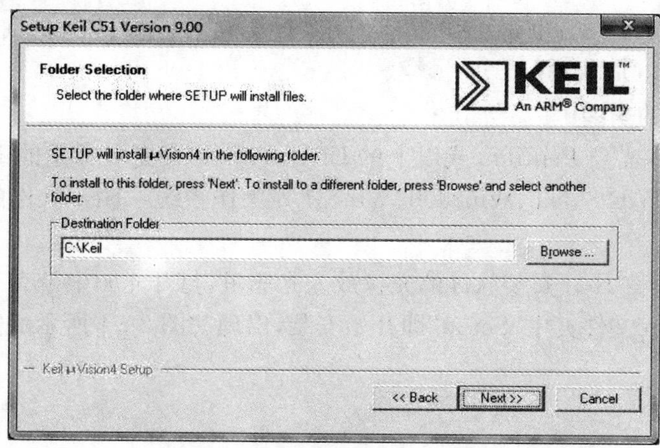

图 2-3　安装路径选择对话框

步骤四　选择好安装路径后，单击“Next”，进入下一步如图 2－4 所示的使用者信息对话框，需要输入使用者信息。

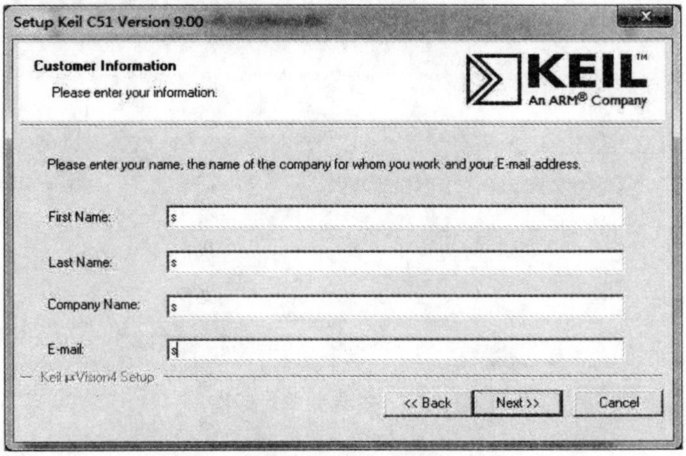

图 2－4　使用者信息对话框

步骤五　在使用者信息对话框随便输入一些内容，单击“Next”进入下一步，即开始安装程序，如图 2－5 所示。安装完毕后会自动弹出安装完毕对话框，如图 2－6 所示，再单击“Finish”后，即可完成软件的安装过程。

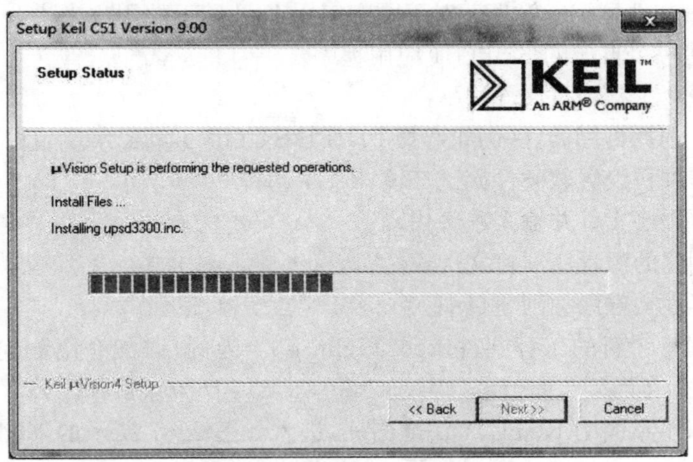

图 2－5　安装程序进展界面

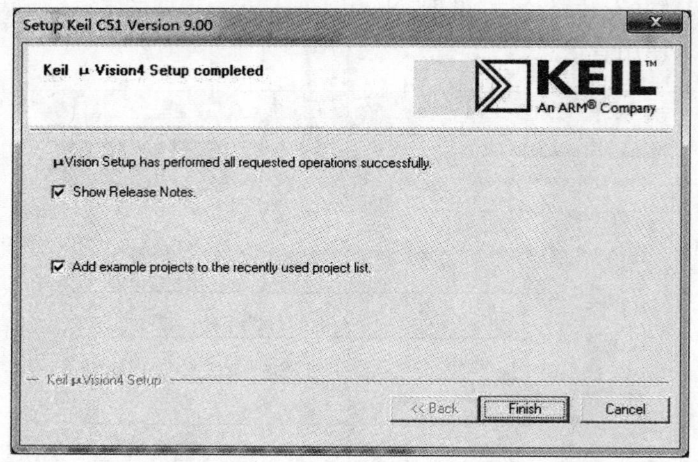

图 2-6　安装完毕对话框

2.1.2　Keil C 软件的操作说明和调试范例

一、创建第一个 Keil C51 应用程序

在 Keil C51 集成开发环境下，是使用工程的方法来管理文件的，而不是单一文件的模式。所有的文件包括源程序(C 程序，汇编程序)、头文件，甚至说明性的技术文档都可以放在工程项目文件里统一管理。对于刚刚使用 Keil C51 的用户来讲，一般可以按照下面的步骤来创建一个自己的 Keil C51 应用程序。

(1) 新建一个工程项目文件；

(2) 为工程选择目标器件(例如选择 PHILIPS 的 P89C52X2)；

(3) 为工程项目设置软硬件调试环境；

(4) 创建源程序文件并输入程序代码；

(5) 保存创建的源程序项目文件；

(6) 把源程序文件添加到项目中。

下面以创建一个新的工程文件 Led_Light. μV4 为例，详细介绍如何建立一个 Keil C51 的应用程序。

步骤一　双击桌面的 Keil C51 快捷图标，进入如图 2-7 所示的 Keil C51 集成开发环境。

若打开的 Keil C51 界面有所不同，是因为启动 μVision4 后，μVision4 总是打开用户前一次正确处理的工程，可以通过执行 Project 菜单中的 Close Project 命令关闭该工程。

图 2-7 Keil C51 集成开发界面

步骤二　打开 Project 菜单，如图 2-8 所示，执行 New μVision Project 命令，建立一个新的 μVision4 工程，这时可以看到如图 2-9 所示的项目文件保存对话框。

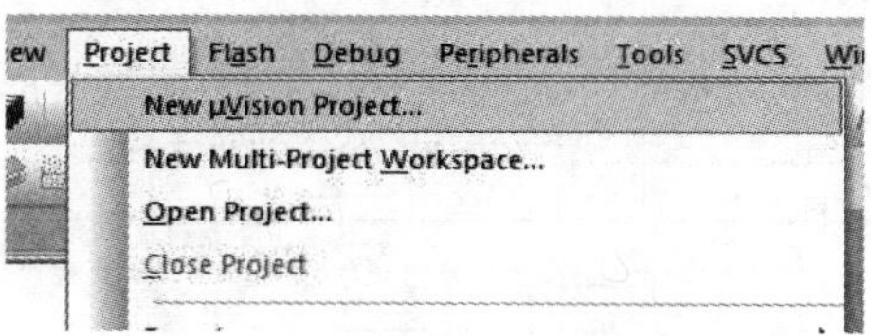

图 2-8 新建工程项目下拉菜单

图 2-9 新建工程项目对话窗口

这时在这里需要完成下列事情：

(1) 为工程取一个名称，工程名应便于记忆且文件名不宜太长；

(2) 选择工程存放的路径，建议为每个工程单独建立一个目录，并且工程中需要的所有文件都放在这个目录下；

(3) 选择工程目录，如"D:\示范程序\Led_Light"，输入项目名(如 Led_Light)后，点击"保存"返回。

步骤三　在工程建立完毕以后，μVision4 会立即弹出如图 2-10 所示的器件选择窗口。器件选择的目的是告诉 μVision4 最终使用的 80C51 芯片的型号是哪一个公司的哪一个型号，因为不同型号的 51 芯片内部的资源是不同的，μVision4 可以根据选择进行 SFR 的预定义，在软硬件仿真中提供易于操作的外设浮动窗口等。

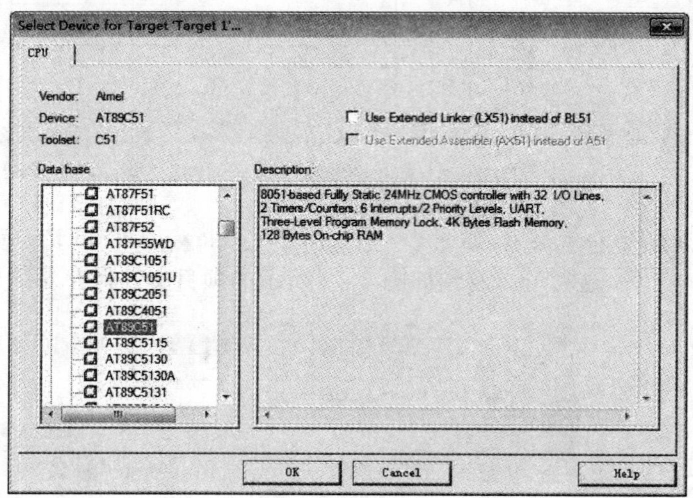

图 2-10　器件选择窗口

由图 2-10 可以看出，μVision4 支持的所有 CPU 器件的型号根据生产厂家形成器件组，用户可以根据需要选择相应的器件组并选择相应的器件型号，如 ATMEL 器件组内的 AT89C51。

单击对话框中的"OK"按钮后，会出现一个向工程中添加程序启动代码文件的提示对话框，如图 2-11 所示，这时单击"否"即可。

图 2-11　添加程序启动代码文件提示

另外，如果用户在选择完目标器件后想重新改变目标器件，可打开 Project 菜单，如图 2－12 所示，执行"Select Device for Target'Target 1'"命令，出现如图 2－10 所示的对话窗口后重新加以选择。由于不同厂家的许多型号性能相同或相近，因此，如果用户的目标器件型号在 μVision4 中找不到，用户可以选择其他公司的相近型号。

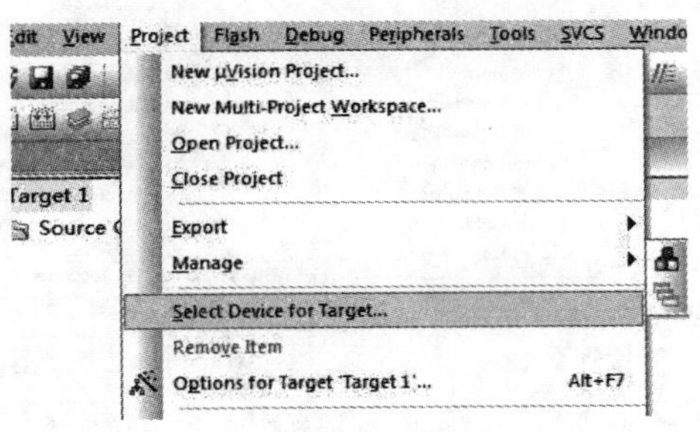

图 2－12 器件选择命令下拉菜单

步骤四 到现在用户已经建立了一个空白的工程项目文件，并为工程选择好了目标器件，但是这个工程里没有任何程序文件。程序文件的添加必须人工进行，但如果程序文件在添加前还没有建立，用户还必须建立它。打开 File 菜单，如图2－13 所示，执行 New 命令，这时在文件窗口中会出现如图 2－14 所示的新文件窗口 Text1，如果多次执行 New 命令，则会出现 Text2，Text3 等多个新文件窗口。

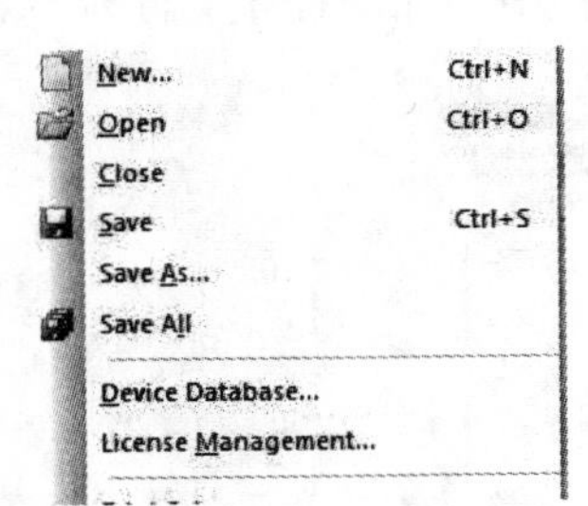

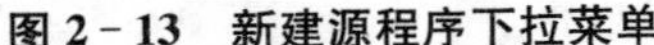

图 2－13 新建源程序下拉菜单

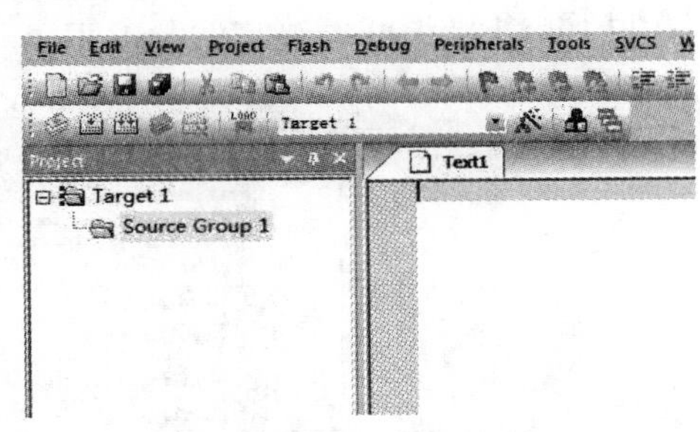

图 2－14 源程序编辑窗口

步骤五 打开 File 菜单，执行 Save 命令存盘源程序文件，这时会弹出如图 2－15 所示的存盘源程序对话框，在文件名栏内输入源程序的文件名，在此示范中把 Text1 保存成 Led_Light. asm。注意由于 Keil C51 支持汇编和 C 语言，且 μVision4 要根据后缀判断文件的类型，从而自动进行处理，因此，存盘时应注意输入的文件名应带扩展名".asm"或".c"。源程序文件 Led_Light. asm 是一个汇编语言 A51 源代码程序，如果用户建立的是一个 C 语言源程序，则输入文件名称 Led_Light. c。保存完毕后请注意观察，保存后源程序关键字变成蓝颜色，这也是用户检查程序命令行的好方法。

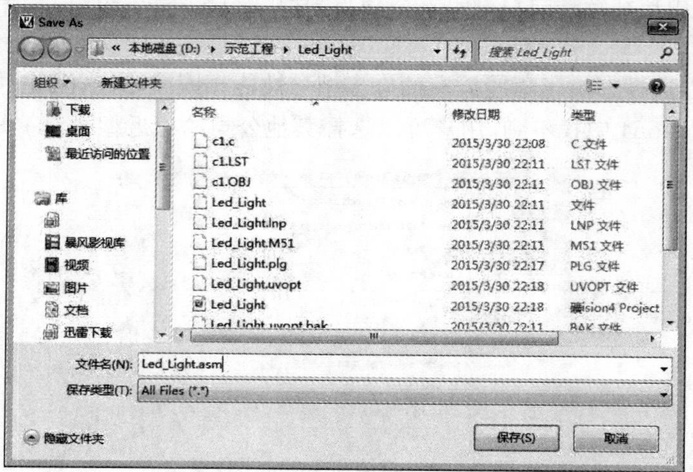

图 2-15　源程序文件保存对话框

步骤六　需要特别提出的是，这个程序文件仅仅是建立了而已，Led_Light. asm 文件到现在为止跟 Led_Light. μV4 工程还没有建立起任何关系。此时用户应该把 Led_Light. asm 源程序添加到 Led_Light. μV4 工程中，构成一个完整的工程项目。在 Project Windows 窗口内，右击 Source Group 1，弹出如图2-16 所示的添加源程序文件快捷菜单，执行“Add files to Group ‘Source Group 1’”(向工程中添加源程序文件)命令。

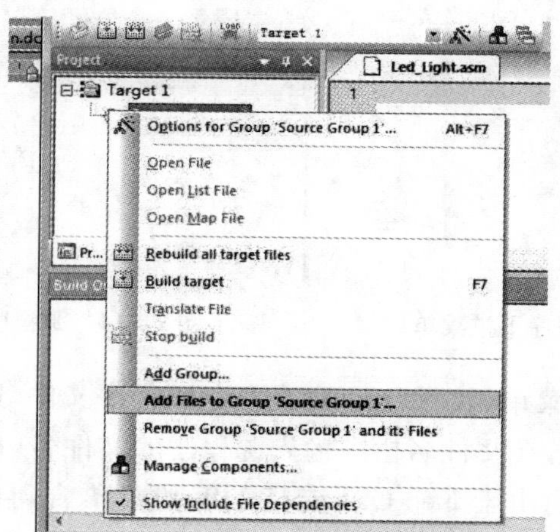

图 2-16　添加源程序文件快捷菜单

选择刚才创建编辑的源程序文件 Led_Light. asm，单击 Add 命令即可把源程序文件添加到项目中。由于添加源程序文件窗口中的默认文件类型是 C Source File(*. c)，这样在搜索显示区中不会显示刚才创建的源程序文件(由于它的文件类型是 *. asm)。修改搜索文件类型为 Asm Source File，并最终选择 Led_Light. asm 源程序文件即可。

步骤七　在 Led_Light. μV4 项目中的源程序 Led_Light. asm 中，用户可以执行输入、删除、选择、拷贝、粘贴等程序输入修改操作。

二、程序文件的编译、连接

1. 编译连接环境设置

μVision4 调试器可以调试用 C51 编译器和 A51 宏汇编器开发的应用程序，μVision4 调试器有两种工作模式，用户可以通过打开 Project 菜单(或者右击项目导航栏的 Target 1)，在弹出的如图 2－17 所示的下拉菜单中执行“Option For Target‘Target 1’”命令，弹出如图 2－18 所示的调试环境设置对话框，单击 Output 标签，在出现的选项卡中选中 Create HexFile 选项，这样在编译时系统将自动生成目标代码文件 *.hex。选择 Debug 标签会出现如图 2－19 所示的工作模式选择选项卡，在此选项卡中用户可以设置不同的仿真模式。

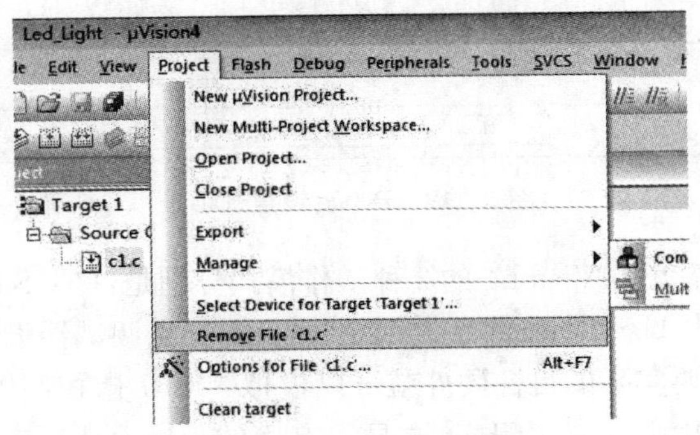

图 2－17　下拉菜单

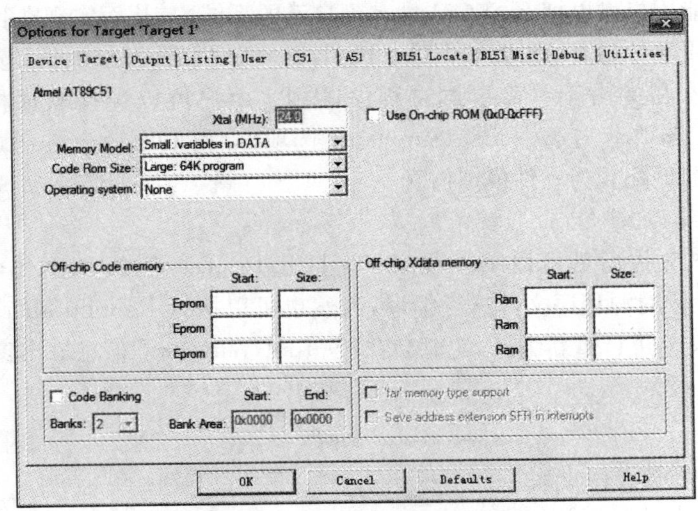

图 2－18　Keil C51 调试环境设置对话框

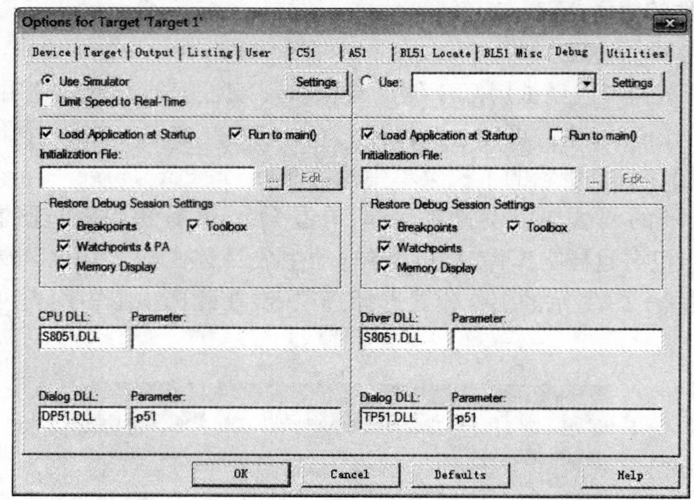

图 2-19 Debug 设置选项卡

从图 2-19 可以看出，μVision4 的 2 种工作模式分别是：Use Simulator（软件模拟）和 Use（硬件仿真）。其中 Use Simulator 选项是将 μVision4 调试器设置成软件模拟仿真模式，在此模式下，不需要实际的目标硬件就可以模拟 80C51 微控制器的很多功能，在准备硬件之前就可以测试用户的应用程序，这是很有用的。Use 选项有高级 GDI 驱动（TKS 仿真器）和 Keil Monitor-51 驱动（适用于大部分单片机综合仿真实验仪的用户目标系统），运用此功能用户可以把 Keil C51 嵌入到自己的系统中，从而实现在目标硬件上调试程序。若要使用硬件仿真，则应选择 Use 选项，并在该栏后的驱动方式选择框内选此时的驱动程序库。在此由于只需要调试程序，因此，用户可以选择软件模拟仿真，在图 2-19 中Debug 选项卡内选中 Use Simulator 选项，点击 OK 命令按钮加以确认，此时 μVision4 调试器即配置为软件模拟仿真。

2. 程序的编译、连接

完成以上的工作后就可以编译程序了。打开 Project 菜单，如图 2-20 所示，执行 Build Target 命令对源程序文件进行编译，当然也可以执行 Rebuild all target files 命令对所有的工程文件进行重新编译，此时会在“Output Windows”信息输出窗口输出一些相关信息，如图 2-21 所示。

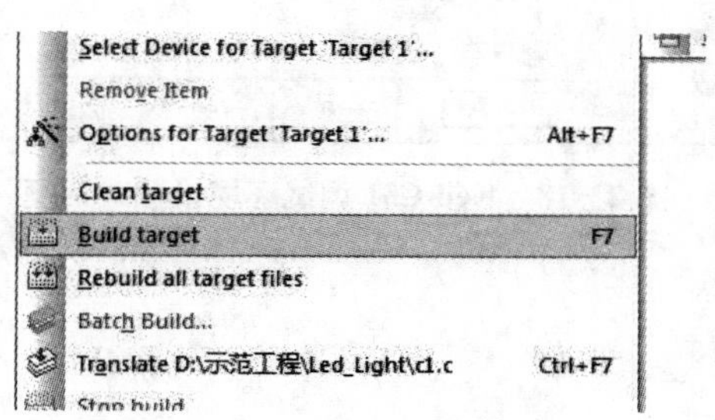

图 2-20 编译连接菜单项

```
Build Output
Build target 'Target 1'
assembling Led_Light.asm...
linking...
Program Size: data=8.0 xdata=0 code=126
creating hex file from "Led_Light"...
"Led_Light" - 0 Error(s), 0 Warning(s).
```

图 2-21　输出窗口

在图 2-21 中，第二行 assembling Led_Light. asm 表示此时正在编译 Led_Light. asm 源程序，第三行 linking... 表示此时正在连接工程项目文件，第五行 creating hex file from "Led_Light"说明已生成目标文件 Led_Light. hex，最后一行说明 Led_Light. μV4 项目在编译过程中不存在错误和警告，编译连接成功。若在编译过程中出现错误，系统会给出错误所在的行和该错误提示信息，用户应根据这些提示信息，更正程序中出现的错误，重新编译直至完全正确为止。

至此一个完整的工程项目 Led_Light. μV4 已经完成，但一个符合要求的、好的工程项目（系统、文件或程序）是要经得起考验的。它往往还需要经软件模拟、硬件仿真、现场系统调试等反复修改、更新的过程。

2.2　stc-isp 单片机下载程序介绍

在 Keil 平台上写 51 单片机的 C 程序或者是汇编程序，写完的程序要进行编译生成 hex 文件（十六进制文件，也就是常说的机器代码），该 hex 文件即为一般下载软件需要用到的文件，而 stc-isp. exe 是给 STC 单片机下载程序的，STC 单片机烧录工具（STC-ICP）主要是将用户的程序代码与相关的选项设置打包成为一个可以直接对目标芯片进行下载编程的超级简单的用户界面的可执行文件。利用该下载软件下载的主要过程如下：

步骤一　将控制板接通电源。

步骤二　用串口线将控制板串口与计算机串口相连。

注意：如果利用计算机的 USB 端口下载，则一方面，需要用 USB 转串口线把电脑的 USB 口和开发板的串口连接，另一方面，需要先安装好 USB 转串口线的驱动程序。

步骤三　下载 STC 单片机下载软件，或者打开光盘内 STC 下载软件，该软件为免安装直接使用。

步骤四　下载后，找到并双击 stc-isp. exe 图标，打开 STC 下载软件，具体如图 2-22 所示。

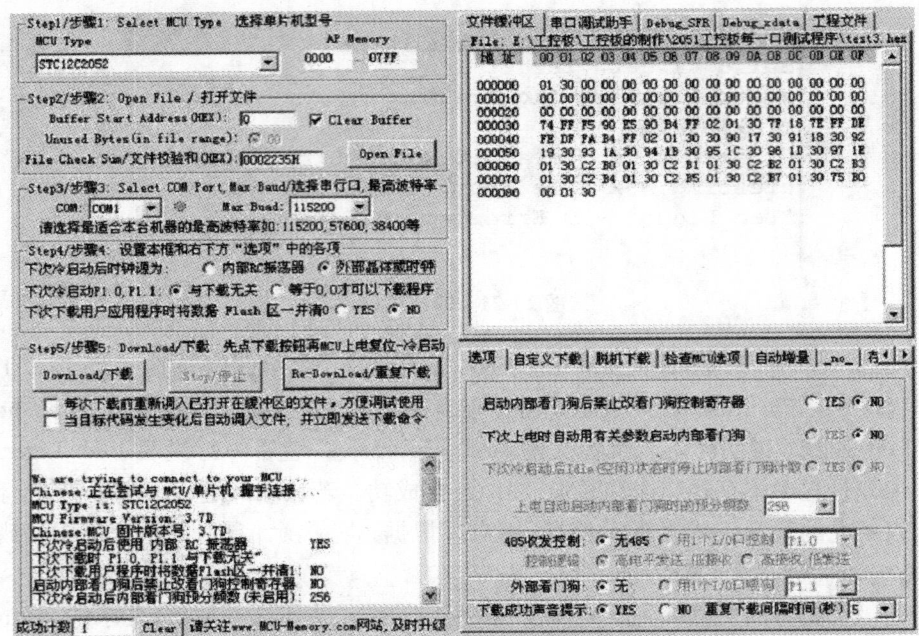

图 2 - 22　STC 下载软件界面

步骤五　单击 MCU Type 下拉列表框中的下三角按钮，选择待烧写的芯片型号 MCU Type(如常见的 MCU Type 选择 STC89C52)，具体如图 2 - 23 所示。

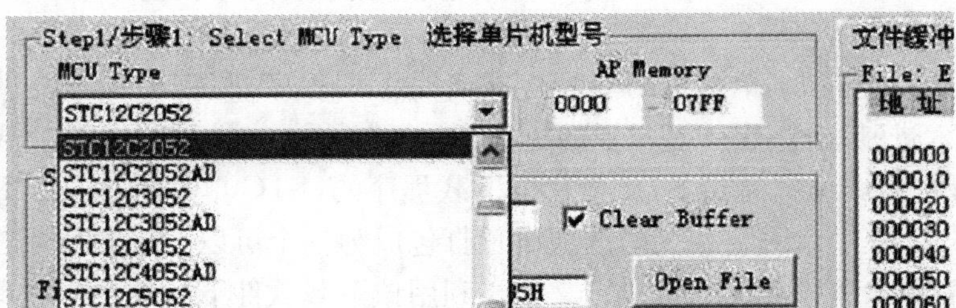

图 2 - 23　选择待烧写的芯片型号操作界面

步骤六　单击 Open File 按钮，选择要下载的文件(该文件为已经由 Keil 软件生成的“. hex”文件)，具体如图 2 - 24 所示。

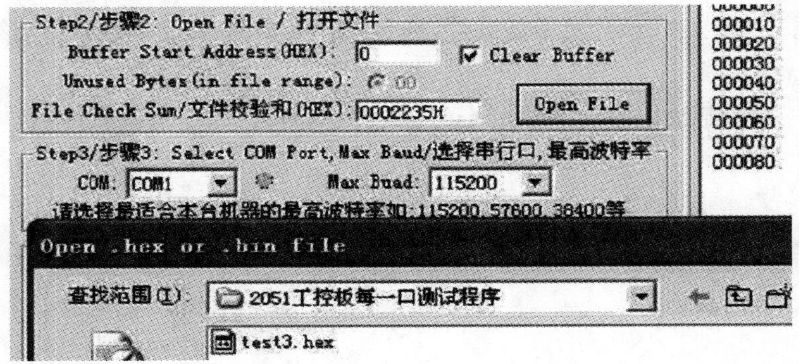

图 2 - 24　选择待下载的文件操作界面

步骤七 选择下载端口和下载速度，具体如图 2－25 所示。

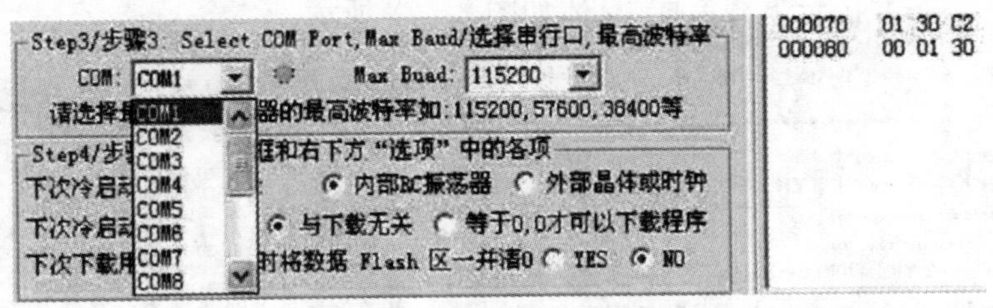

图 2－25 选择下载端口和下载速度操作界面

注意在选择下载端口时，一般步骤是：

(1) 打开我的电脑属性；

(2) 选择硬件，打开设备管理器；

(3) 在端口处找到 USB-To-Serial Comm Port(COM*m* 是根据用户接的 USB 接口显示的不同 COM 端口)，一般显示 COM8 以内，如果超过 COM8，说明电脑有软件冲突，请重新装一下系统，最后在此下载界面处选择在设备管理器中查看到的 COM*m* 口。

步骤八 选择下载后其他的芯片选项，具体如图 2－26 所示。

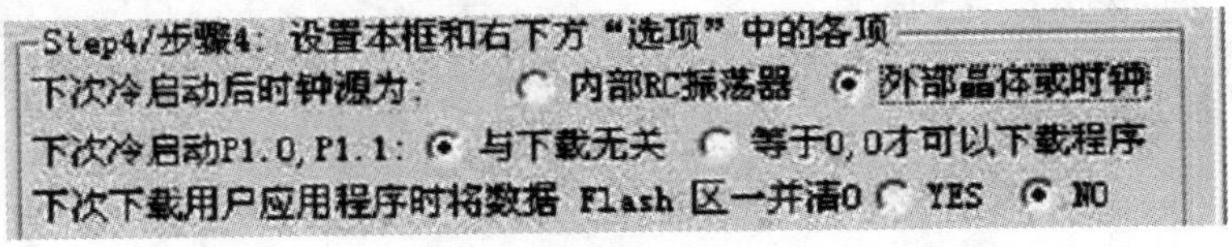

Step4/步骤4: 设置本框和右下方"选项"中的各项
下次冷启动后时钟源为: 内部RC振荡器 外部晶体或时钟
下次冷启动P1.0, P1.1: 与下载无关 等于0,0才可以下载程序
下次下载用户应用程序时将数据 Flash 区一并清0 YES NO

图 2－26 选择下载后其他芯片选项操作界面

步骤九 开始下载。

先点击"Download/"下载，然后按下载板上的 POWER ON。

注意：在点击"Download/"下载以后要等提示"给 MCU 上电"的时候再将开发板上电，这时冷启动，具体如图 2－27 所示。

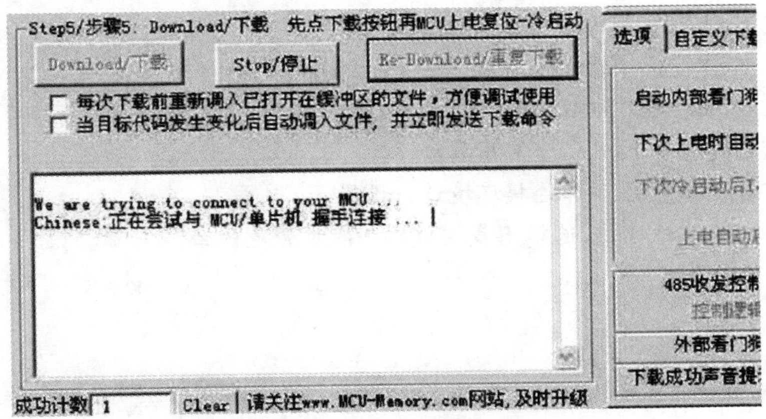

图 2－27 开始下载界面

步骤十　断开控制板总电源，使芯片彻底失电，再接通控制板总电源，使芯片重新上电，软件继续下载，并提示下载完成，具体如图 2－28 所示。

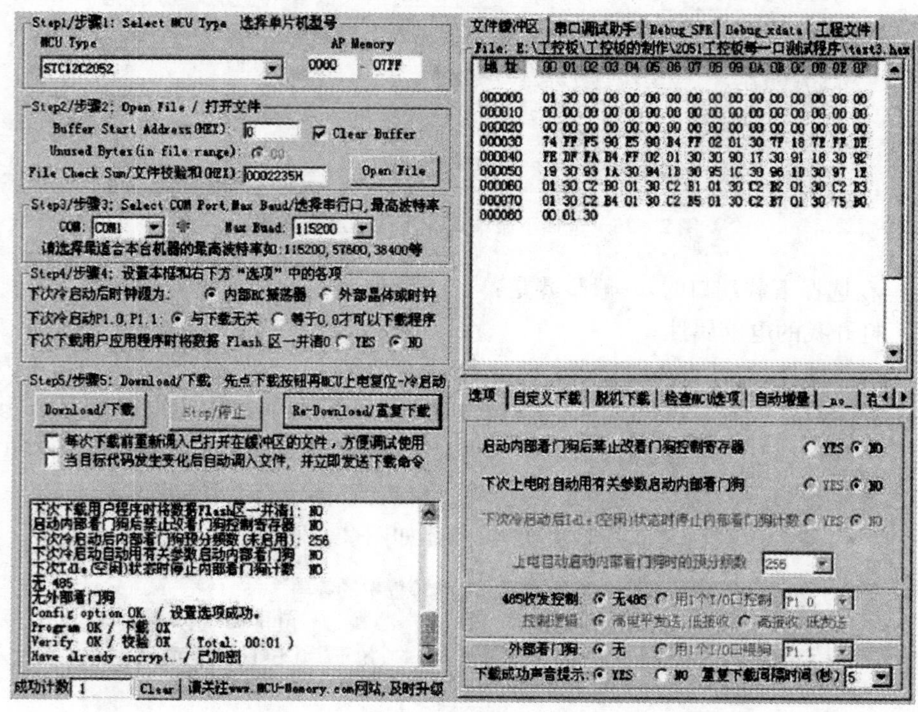

图 2－28　下载完成界面

☞扫一扫可见本章习题及答案

1. 简述 Keil 51 软件包特点及其安装过程。
2. 简述 Keil C 软件的操作过程。
3. 简述 stc-isp 单片机程序的下载过程。
4. 如何创建一个 Keil C51 应用程序。
5. 如何对 Keil C51 编译连接环境进行设置。
6. stc-isp 下载过程中，选择下载端口的一般步骤是什么？

第三章　系统开发与实战训练之模块设计

本章主要讲解了系统开发与实战训练之模块设计，以模块化设计为基础，讲解一些基本模块的电路系统以及程序设计方式。主要讲解了工程设计中常见的模块设计方法，包括键盘(独立式及矩阵式)模块、显示模块(发光二极管 LED 显示、数码管及 LCD 显示)、A/D 转换模块、D/A 转换模块、蜂鸣器模块、温度测试模块，为了实现模块化设计，在每个模块扩展功能时，所用到的其他电路都尽量选择本章所述的相关模块，且保证每个模块都具有完整的程序及电路设计，同学们完全可以利用这些电路和程序实现相关功能。另外，每个模块都可以作为其他设计任务的子模块，只要将各个模块的电路和程序进行整合、移植，即可实现相应功能。在各个模块的说明中，首先对每个模块所用到的技术、芯片等进行简单介绍，然后具体给出各个模块的设计实例，给出其完整的电路设计和程序，从而方便同学们学习。

3.1　显示模块设计

显示器的种类有多种，如 CRT 显示器、LED、LCD 等，这里只介绍发光二极管 LED、数码管、LCD 显示接口电路及程序设计方式。

3.1.1　单片机与发光二极管 LED 显示接口电路及程序设计

单片机与发光二极管 LED 显示接口电路比较简单，其程序设计方式有多种，这里以 8 个发光二极管 LED 显示为例，并要求设计电路、编写程序，实现 8 个发光二极管 LED 花样灯的显示。

一、实验电路

根据要求设计实验电路，如图 3－1 所示，其中，所选单片机为 STC89C52，驱动电路选择 74HC573。

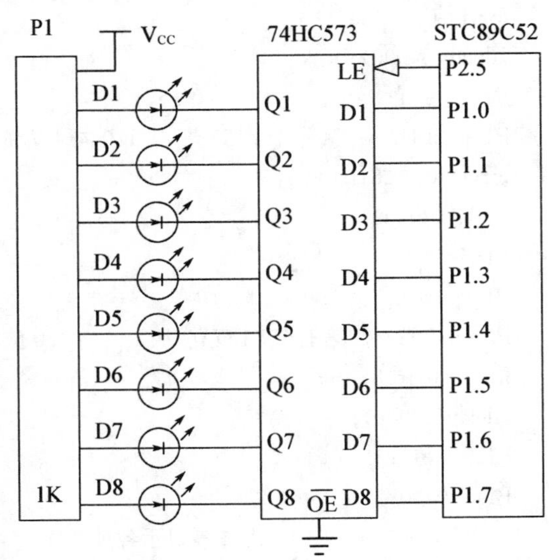

图 3－1　单片机与发光二极管 LED 显示接口电路

说明：在图 3－1 中，P1 为 1K 的排阻，74HC573 驱动器在较多电路的系统板中比较适用，即当单片机总线还需要控制其他外设时，可以利用其进行实时隔离，但在本模块中，没有涉及其他模块的控制，所以默认情况下的 P2.5 状态将控制 LE 端一直有效，因此，不需要程序对

P2.5 进行控制就可以实现流水灯的工作，大家在阅读以下程序时可以留意这个问题。

二、实验参考程序

发光二极管 LED 花样灯的软件程序设计一般有两种方法：① 程序循环执行；② 查表法。在这个程序中，对两种方法都进行了说明。

设计过程中，共完成了 5 个花样，其中，前四种是利用循环执行程序的方式，后一种利用查表法方式。第一种花样为：首先第一个灯 D1 亮（由 P1.0 控制），然后从 P1.0 向 P1.7 控制的 LED，保留前灯依次点亮；第二种花样为：首先第七个灯 D7 亮（由 P1.7 控制），然后从 P1.7 向 P1.0 控制的 LED，保留前灯依次点亮；第三种花样为：首先第一个灯 D1 亮（由 P1.0 控制），然后从 P1.0 向 P1.7 控制的 LED 单独依次点亮；第四种花样为：首先第七个灯 D7 亮（由 P1.7 控制），然后从 P1.7 向 P1.0 控制的 LED 单独依次点亮；第五种花样则由定义的表格数据所决定的多个花样组成。根据以上电路设计 C 语言参考程序如下：

```
#include <reg52.h>
unsigned char code ss[]={0x7f,0xbf,0xdf,0xef,0xf7,0xfb,0xfd,0xfe,0xff,0xff,0x00,0x00,
0x55,0x55,0xaa,0xaa};  //可添加
void delay(unsigned int cnt)  //延时
{while(--cnt);}
main()
{unsigned char i;
while(1)
{P1=0xFE;  //第一个 LED 亮，从 1.0 向 1.7 依次点亮
for(i=0;i<8;i++)
{delay(30000);
P1<<=1;}
P1=0x7F;  //第七个 LED 亮，从 1.7 向 1.0 依次点亮
for(i=0;i<8;i++)
{delay(30000);
P1>>=1;}
P1=0xFE;  //第一个 LED 亮，从 1.0 向 1.7 依次单独点亮
for(i=0;i<8;i++)
{delay(30000);
P1<<=1;
P1|=0x01;}
P1=0x7F;  //第七个 LED 亮，从 1.7 向 1.0 依次单独点亮
for(i=0;i<8;i++)
{delay(30000);
P1>>=1;
P1|=0x80;}
for(i=0;i<16;i++)  //查表显示各种花样
{delay(60000);
```

```
P1=ss[i];}}}
```

3.1.2 单片机与7段LED显示接口电路及程序设计

一、7段LED显示的工作原理

常用的是7段LED显示和点阵LED,这里重点讲解常见的7段LED显示。

7段LED由7段发光管组成,称为a、b、c、d、e、f、g,有的带小数点h。通过7个发光管的不同组合,可以显示0～9和A～F共16个字母数字,每个发光二极管通常需要2～20 mA的驱动电流才能发光。7段LED有共阴和共阳之分,共阴极一般比共阳极亮,多数场合用共阴极,其驱动电路一般由三极管构成,也可以用小规模集成电路。具体如图3-2所示。

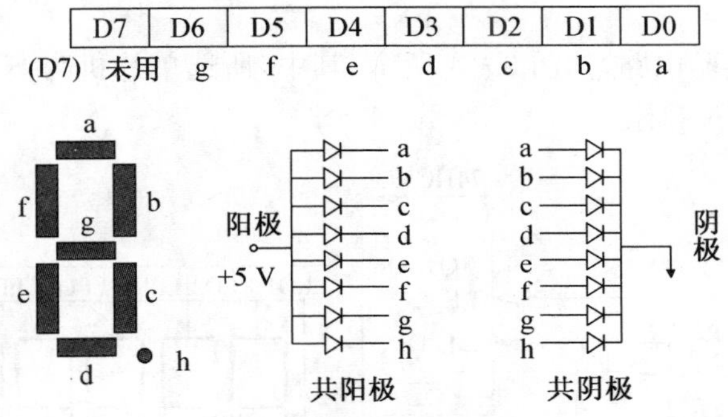

图3-2 LED数码管

二、显示译码及多位显示方法

显示译码的方式一般分为以下两种:

(1) 软件译码法。将0～9和A～F共16个字母数字对应的显示代码组成一个表,存放在存储器中,用软件映射(软件列表的方法)。

(2) 硬件译码法。利用专用芯片,如LS7447(共阳极)或者LS7448(共阴极),实现BCD码到7段显示代码的译码和驱动。用专用芯片完成的段译码(共阳极)的具体电路如图3-3所示。

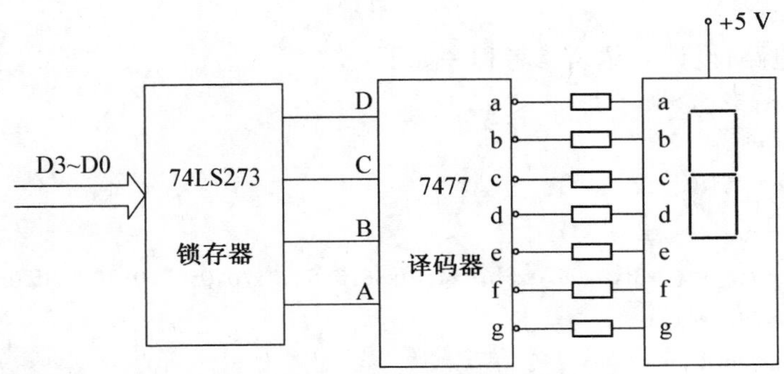

图3-3 用专用芯片完成段译码电路

多位显示方法一般也分为两种：

(1) 静态显示。每一位的显示都由各自独立的 8 位输出口控制，在显示该数字时，相应段恒定地发光或不发光。

(2) 动态显示。多路复用，各个显示器共用一个译码器和驱动器。

静态显示需要占用太多的 I/O 口线，但编程简单；动态显示硬件比较节省，但编程较复杂。

三、单片机与 7 段 LED 显示接口电路及程序设计示例

单片机与 LED 显示接口电路及程序设计方式有很多种，这里以 6 个共阴数码管动态显示为例，要求设计电路并编写程序，实现控制 6 个数码管共同显示十进制数的部分数码，即依次显示 6 个 0～6 个 8，并实现循环显示。

1. 实验电路

根据要求设计实验电路，如图 3－4 所示，其中，所选单片机为 STC89C52，驱动电路为 74HC573，P1 为 1K 排阻。

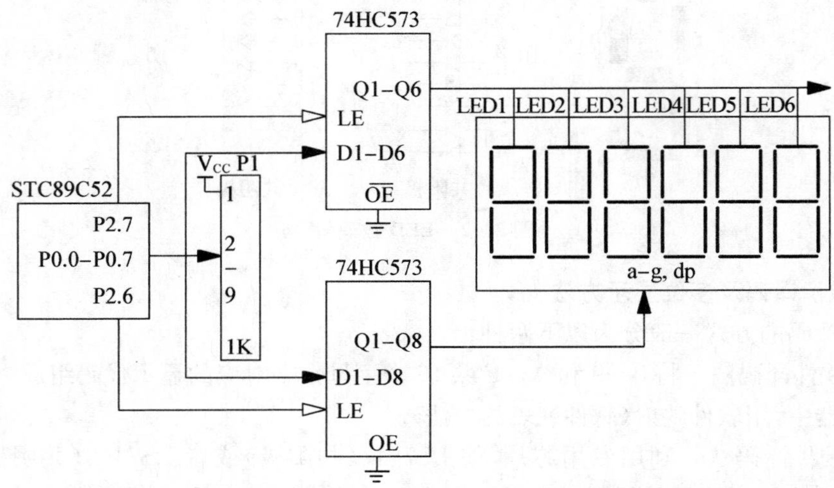

图 3－4 单片机与 7 段 LED 显示接口电路

2. 实验参考程序

根据以上电路，设计 C 语言参考程序如下：

```
#include <reg52.h>
sbit dd=P2^6;
sbit ww=P2^7;
unsigned char nn;
unsigned code tt[]={0x3f,0x06,0x5b,0x4f,0x66,0x6d,0x7d,0x07,0x7f,0x6f,0x77,0x7c,
0x39,0x5e,0x79,0x71};
void delay(unsigned int y)
{unsigned int a,b;
for(a=y;a>0;a--)
for(b=0;b<500;b++);}
```

```
void main()
{ww=1;
P0=0x00;
ww=0;
while(1)
{for(nn=0;nn<9;nn++)
{dd=1;
P0=tt[nn];
dd=0;
delay(200);}}}
```

说明：

(1) 此例子的程序是简化的，程序设计同时让各个数码管的公共端有效，并显示同一数码，看起来像是静态显示，但其电路连接属于动态连接方式，各个数码管的位选可以分别控制，同学们可以很方便地在此程序基础上更改显示方式。

(2) 在该例子实现过程中，还可以很方便地修改程序，实现其他的数码管点亮形式或实现数码管点亮频率的变化。

(3) 程序中字形码是 0～F，因此，可以很容易地修改程序，从而实现 0～F 的任意显示。

(4) 可以设计几个实现以上功能的编程方法，除此以外，运用汇编语言也可以实现同样的功能。

3.1.3　单片机与 LCD 显示接口电路及程序设计

一、1602LCD 的基本参数及引脚功能

字符型液晶显示模块是一种专门用于显示字母、数字、符号等的点阵式 LCD，目前常用 16×1，16×2，20×2 和 40×2 行等模块。下面以长沙太阳人电子有限公司的 1602 字符型液晶显示器为例，介绍其用法。

1602LCD 分为带背光和不带背光两种，其控制器大部分为 HD44780，带背光的比不带背光的厚，是否带背光在应用中并无差别，1602LCD 采用标准的 14 脚（无背光）或 16 脚（带背光）接口，各引脚接口说明见表 3－1 所示。

表 3－1　LCD1602 引脚说明

编号	符号	引脚说明	编号	符号	引脚说明
1	V_{SS}	电源地	7	D0	数据
2	V_{DD}	电源正极	8	D1	数据
3	V_L	液晶显示偏压	9	D2	数据
4	RS	数据/命令选择	10	D3	数据
5	R/W	读/写选择	11	D4	数据
6	E	使能信号	12	D5	数据

（续表）

编号	符号	引脚说明	编号	符号	引脚说明
13	D6	数据	15	BLA	背光源正极
14	D7	数据	16	BLK	背光源负极

在表 3－1 中，第 1 脚 V_{SS} 为地电源。第 2 脚 V_{DD} 接 5 V 正电源。第 3 脚 V_L 为液晶显示器对比度调整端，接正电源时对比度最弱，接地时对比度最高，对比度过高时会产生"鬼影"，使用时可以通过一个 10K 的电位器调整对比度。第 4 脚 RS 为寄存器选择，高电平时选择数据寄存器，低电平时选择指令寄存器。第 5 脚 R/W 为读写信号线，高电平时进行读操作，低电平时进行写操作。当 RS 和 R/W 共同为低电平时，可以写入指令或者显示地址；当 RS 为低电平，R/W 为高电平时，可以读忙信号；当 RS 为高电平，R/W 为低电平时，可以写入数据。第 6 脚 E 端为使能端，当 E 端由高电平跳变成低电平时，液晶模块执行命令。第 7～14 脚：D0～D7 为 8 位双向数据线。第 15 脚背光源正极。第 16 脚背光源负极。

二、1602LCD 的指令说明及时序

1602 液晶模块内部的控制器共有 11 条控制指令，见表 3－2 所示：

表 3－2　1602 液晶模块控制指令

序号	指令	RS	R/W	D7	D6	D5	D4	D3	D2	D1	D0
1	指令 1	0	0	0	0	0	0	0	0	0	1
2	指令 2	0	0	0	0	0	0	0	0	1	*
3	指令 3	0	0	0	0	0	0	0	1	I/D	S
4	指令 4	0	0	0	0	0	0	1	D	C	B
5	指令 5	0	0	0	0	0	1	S/C	R/L	*	*
6	指令 6	0	0	0	0	1	DL	N	F	*	*
7	指令 7	0	0	0	1	字符发生存储器地址					
8	指令 8	0	0	1	显示数据存储器地址						
9	指令 9	0	1	BF	计数器地址						
10	指令 10	1	0	要写的数据内容							
11	指令 11	1	1	读出的数据内容							

液晶模块的读写操作、屏幕和光标的操作都是通过指令编程来实现的，表 3－2 中的具体指令的含义如下。

指令 1：清显示。指令码 01H，光标复位到地址 00H 位置。

指令 2：光标复位。光标返回到地址 00。

指令 3：光标和显示模式设置。其中，I/D 为光标移动方向控制，高电平右移，低电平左移；S 为屏幕上所有文字是否左移或者右移，高电平表示有效，低电平则无效。

指令 4：显示开关控制。其中，D 控制整体显示的开与关，高电平表示开显示，低电平

表示关显示；C 控制光标的开与关，高电平表示有光标，低电平表示无光标；B 控制光标是否闪烁，高电平闪烁，低电平不闪烁。

指令 5：光标或显示移位。其中，S/C 为高电平时移动显示的文字，低电平时移动光标。

指令 6：功能设置命令。其中，DL 高电平时为 4 位总线，低电平时为 8 位总线；N 低电平时为单行显示，高电平时为双行显示；F 低电平时显示 5×7 的点阵字符，高电平时显示 5×10 的点阵字符。

指令 7：字符发生器 RAM 地址设置。

指令 8：DDRAM 地址设置。

指令 9：读忙信号和光标地址。其中，BF 为忙标志位，高电平表示忙，此时模块不能接收命令或者数据，低电平表示不忙。

指令 10：写数据。

指令 11：读数据。

三、1602LCD 的 RAM 地址映射及标准字库表

液晶显示模块是一个慢显示器件，所以在执行每条指令之前一定要确认模块的忙标志为低电平，即表示不忙，否则此指令失效。要显示字符时要先输入显示字符的地址，图 3-5 是1602 的内部显示地址。

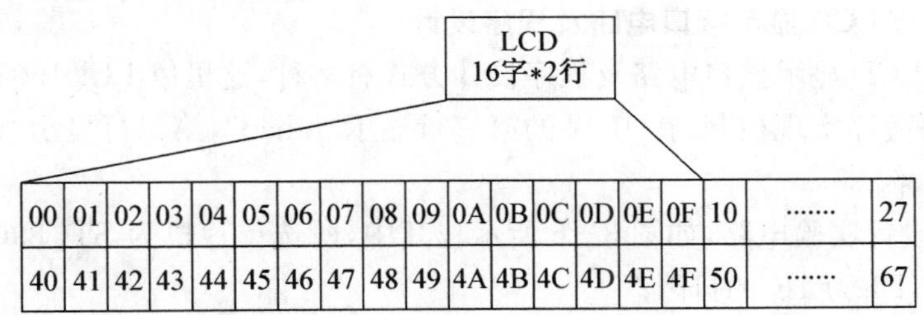

图 3-5　1602 内部显示地址

在显示过程中，例如，第二行第一个字符的地址是 40H，那么是否直接写入 40H 就可以将光标定位在第二行第一个字符的位置呢？这样不行，因为写入显示地址时要求最高位 D7 恒定为高电平 1，所以实际写入的数据应该是 01000000B(40H)＋10000000B(80H)＝11000000B(C0H)。

在对液晶模块的初始化中要先设置其显示模式，在液晶模块显示字符时光标自动右移，无需人工干预。每次输入指令前都要判断液晶模块是否处于忙的状态。

另外，1602 液晶模块内部的字符发生存储器（CGROM）已经存储了 160 个不同的点阵字符图形，见表 3-3 所示，这些字符有：阿拉伯数字、英文字母的大小写、常用的符号、和日文假名等，每一个字符都有一个固定的代码，比如大写的英文字母“A”的代码是 01000001B(41H)，显示时模块把地址 41H 中的点阵字符图形显示出来，我们就能看到字母“A”。

表 3-3　CGROM 和 CGRAM 中字符代码与字符图形的对应关系

	0000	0001	0010	0011	0100	0101	0110	0111	1000	1001	1010	1011	1100	1101	1110	1111
xxxx0000	CGRAM (1)			0	@	P	`	p				ー	タ	ミ	α	p
xxxx0001	(2)		!	1	A	Q	a	q			。	ア	チ	ム	ä	q
xxxx0010	(3)		"	2	B	R	b	r			「	イ	ツ	メ	β	θ
xxxx0011	(4)		#	3	C	S	c	s			」	ウ	テ	モ	ε	∞
xxxx0100	(5)		$	4	D	T	d	t			、	エ	ト	ヤ	μ	Ω
xxxx0101	(6)		%	5	E	U	e	u			・	オ	ナ	ユ	σ	ü
xxxx0110	(7)		&	6	F	V	f	v			ヲ	カ	ニ	ヨ	ρ	Σ
xxxx0011	(8)		'	7	G	W	g	w			ァ	キ	ヌ	ラ	g	π
xxxx1000	(1)		(	8	H	X	h	x			ィ	ク	ネ	リ	√	x̄
xxxx1001	(2)		)	9	I	Y	i	y			ゥ	ケ	ノ	ル	⁻¹	y
xxxx1010	(3)		*	:	J	Z	j	z			ェ	コ	ハ	レ	j	千
xxxx1011	(4)		+	;	K	[	k	{			ォ	サ	ヒ	ロ	ˣ	万
xxxx1100	(5)		,	<	L	¥	l	|			ャ	シ	フ	ワ	¢	円
xxxx1101	(6)		-	=	M	]	m	}			ュ	ス	ヘ	ン	£	÷
xxxx1110	(7)		.	>	N	^	n	→			ョ	セ	ホ	゛	ñ	
xxxx1111	(8)		/	?	O	_	o	←			ッ	ソ	マ	゜	ö	█

四、单片机与 LCD 显示接口电路及程序设计

单片机与 LCD 显示接口电路及程序设计方式有多种，这里以 LCD1602 为例，并要求设计电路，编写程序实现控制，在 1602 的第一行显示“nihao”，第二行显示“tongxue”。

1. 实验电路

根据要求设计实验电路，如图 3-6 所示。其中，所选单片机为 STC89C52，液晶显示器为 LCD1602，P1 为 1K 的排阻。

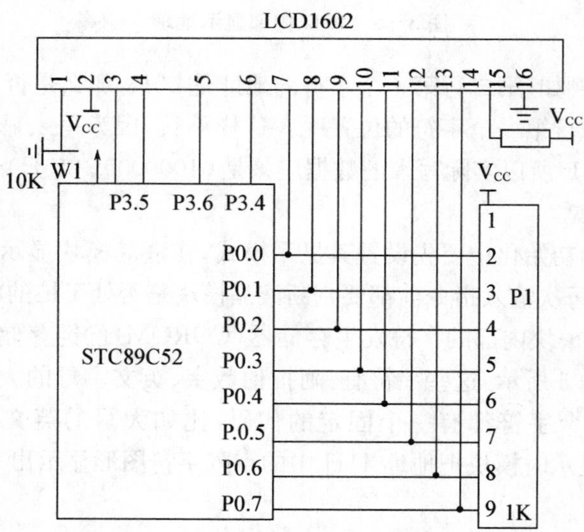

图 3-6　单片机与 LCD1602 显示接口电路

2. 实验参考程序

根据以上电路设计C语言参考程序如下：

```
#include <reg52.h>
#define uchar unsigned char
#define uint unsigned int
sbit rrs=P3^5;
sbit llc=P3^4;
sbit rrw=P3^6;
uchar tab1[]="nihao";
uchar tab2[]="tongxue";
void delay(uint x)
{   uint a,b;
    for(a=x;a>0;a--)
       for(b=10;b>0;b--);
}
void delay1(uint x)
{   uint a,b;
    for(a=x;a>0;a--)
     for(b=100;b>0;b--);
}
void write_com(uchar com)
{   P0=com;
    rrs=0;
    rrw = 0;
    llc=0;
    delay(10);
    llc=1;
    delay(10);
    llc=0;
}
void write_date(uchar date)
{   P0=date;
    rrs=1;
    rrw = 0;
    llc=0;
    delay(10);
    llc=1;
    delay(10);
    llc=0;
}
void init()
```

```
{    rrw=0;
     write_com(0x38);
     delay(20);
     write_com(0x0f);
     delay(20);
     write_com(0x06);
     delay(20);
     write_com(0x01);
     delay(20);
}
void main()
{   uchar a;
    init();
    write_com(0x80+17);
    delay(20);
    for(a=0;a<5;a ++)
    {write_date(tab1[a]);   //第一行为5个字符,可以根据实际显示字符数进行调整
    delay(20);
    }
    write_com(0xc0+17);
    delay(50);
    for(a=0;a<7;a ++)
    {write_date(tab2[a]);   //第二行为7个字符,可以根据实际显示字符数进行调整
    delay(40);
    }
    for(a=0;a<17;a ++)
    {write_com(0x18);
       delay1(20);}
    while(1);
}
```

3.2 键盘模块设计

为了控制一些系统运行状态,需要向其输入命令或数据,这就要通过键盘来实现,键盘包括数字键、功能键、组合控制键等,常见的键盘输入与软件编写涉及的主要问题如下。

3.2.1 键盘及按键简介

一、按键开关状态的可靠输入及消除抖动干扰

键盘的操作是利用机械触点的合、断作用来实现的,但是,由于机械触点的弹性作用,在按键的闭合及断开瞬间均有抖动,会出现负脉冲,而抖动的持续时间与键的质量相关,时间一般为5～10 ms,如图3-7所示。

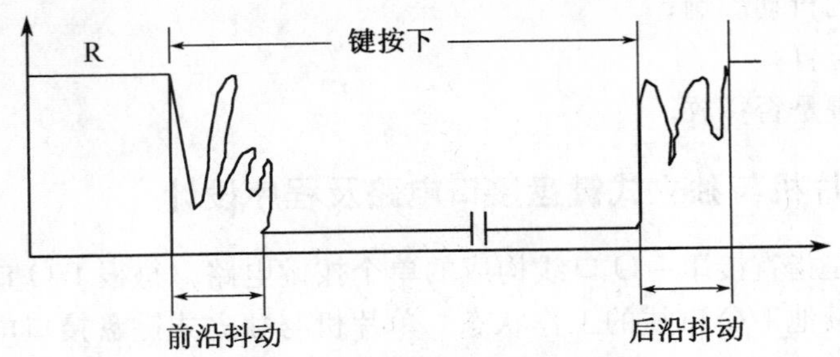

图 3-7　按键开关的抖动状态

因此,按键设计需要考虑消除抖动干扰的问题,所谓去抖动是指在识别被按键和释放键时必须避开抖动状态,只有处在稳定接通或稳定断开状态,才能保证识别正确无误。去抖动问题可通过软件延时或硬件电路解决。

(1) 软件:检测到有键按下,执行一个 10 ms 的延时程序后,再确认该键电平是否仍保持闭合状态电平,如保持闭合状态电平,则可确认有键按下,从而消除了抖动的影响。

(2) 硬件:对每个键加一个 RC 滤波电路或 RS 去抖动电路。

二、被按键的识别和编码的生成

对按键或键盘的识别一般都是通过 I/O 口线来查询其开关状态完成的,而按键也都采用一定的编码形式,键盘结构不同,采用的编码也不同,因此,在按键的识别过程中,需要将 I/O 口线的查询值转换为相对应的键值,以实现按键功能程序的转移。对于矩阵键盘,常用的键盘的识别方法有:行扫描法、线反转法。

1. 行扫描法

先进行全扫描,将所有行线置成 0 电平,然后扫描全部列线,如果读入的列值不是全 1,则说明有键按下,再用逐行扫描的办法确定哪一个键被按下。

2. 线反转法

行线输出,列线输入,各行线全部送 0 电平,键被按下,则必有一列线为 0 电平。然后线反转,行线输入,列线输出,将刚才读到的列线值输出到列线,再读取行线的值,则闭合键的行线必为 0 电平。

三、按键监测

对按键监测方式一般有查询和中断两种方式。

1. 编程扫描查询方式

即利用 CPU 在完成其他工作的空余,调用键盘扫描子程序,来响应键输入要求。执行键功能程序时,CPU 不再响应键输入要求。

2. 中断扫描方式

当键盘上有键闭合时产生中断请求,CPU 响应中断请求后,转去执行中断服务程序,在中断服务程序中判别键盘上闭合键的键号,并做相应的处理。

四、编制键盘程序

编写的键盘扫描程序一般应具有下述 4 个功能:

(1) 判别键盘上有无键按下;

（2）去除键的抖动影响；

（3）求按键位置；

（4）判别按键是否释放。

3.2.2　单片机与独立式键盘接口电路及程序设计

独立式按键是指直接用 I/O 口线构成的单个按键电路。每根 I/O 口线上按键的工作状态不会影响其他 I/O 口线的工作状态。单片机与独立式键盘接口电路及程序设计方式有多种，这里以 4 个独立式按键电路为例，并要求设计电路、编写程序实现利用 S2 来控制广告灯依次向高位点亮。

一、实验电路

根据要求设计实验电路如图 3－8 所示，其中，所选单片机为 STC89C52。例子中需要用到广告灯的电路，为了实现模块化设计，电路仍旧采用本书之前的电路，具体见“单片机与发光二极管 LED 显示接口电路”。

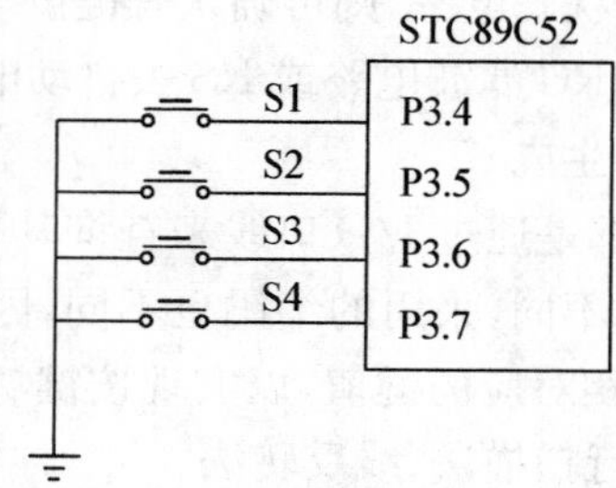

图 3－8　单片机与独立式键盘接口电路

二、实验参考程序

根据以上电路设计 C 语言参考程序如下：

```
#include <reg52.h>
sbit ANJIAN=P3^5;  //定义按键的输入端 S2 键
unsigned char count;  //按键计数，每按一下，count 加 1
unsigned char temp;
unsigned char a;
void delay(void)  //延时程序
{unsigned char i,j;
for(i=100;i>0;i--)
for(j=248;j>0;j--);
}
key()  //按键判断程序
{if(ANJIAN==0)  //判断是否按下键盘
{
delay();  //延时，软件去干扰
if(ANJIAN==0)  //确认按键按下
{
```

```
count ++;  //按键计数加 1
if(count==8)  //计 8 次重新计数
{
count=0;  //将 count 清零
}
}
while(ANJIAN==0);  //按键锁定,每按一次 count 只加 1
}
}
move()                //广告灯向高位依次点亮
{
a=temp<<count;
P1=a;
}
main()
{
count=0;  //初始化参数设置
temp=0xfe;
P1=0xff;
P1=temp;
while(1)     //永远循环,扫描判断按键是否按下
{
key();  //调用按键识别函数
move();  //调用广告灯函数
}
}
```

说明:

(1) 该程序执行过程中,最初,广告灯中与 P1.0 口相连的 D1 点亮,之后,S2 按键每按动一次,广告灯依次点亮下一个,同时,前一个灯保持亮的状态。

(2) 该程序仅仅用了 S2 按键,利用其他按键同样可以实现其他的扩展功能,只需要修改按键处理程序即可。

3.2.3 单片机与矩阵式键盘接口电路及程序设计

在键盘中按键数量较多时,为了减少 I/O 口的占用,通常将按键排列成矩阵形式,这种键盘就是矩阵键盘。在矩阵式键盘中,每条水平线和垂直线在交叉处不直接连通,而是通过一个按键加以连接,这样,一个端口(如 P1 口)就可以构成 4×4=16 个按键,比直接将端口线用于键盘多出了一倍,而且线数越多,区别越明显,比如再多加一条线就可以构成 20 键的键盘,由此可见,在需要的键数比较多时,采用矩阵法来做键盘是合理的。

单片机与矩阵式键盘接口电路及程序设计方式有多种,这里以 4×4 矩阵键盘的扫描为例,要求编写一段程序,使得控制按键按下后,数码管上可以显示相应的键号,即按下各

个按键后，6 个数码管共同显示十六进制数码所代表的按键号，按键号为 0～F。

一、实验电路

根据要求设计实验电路，如图 3－9 所示，其中，所选单片机为 STC89C52。键盘为 4×4 矩阵键盘。另外，本任务所需要的显示部分电路见“单片机与 7 段 LED 显示接口电路”，为了让同学们能有模块化学习的概念，显示部分完全采用了与其相同的电路结构，这里不再具体给出。

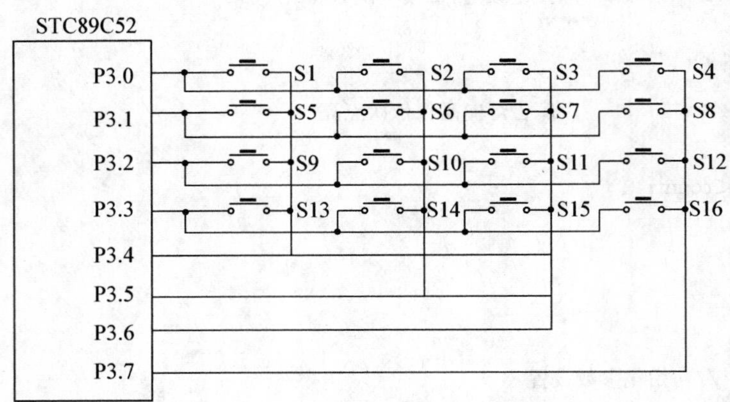

图 3－9　单片机与矩阵式键盘接口电路

二、实验参考程序

根据以上电路设计 C 语言参考程序如下：

```
#include <reg51.h>
sbit dd=P2^6;
sbit ww=P2^7;
unsigned char i=100;
unsigned char j,k,temp,key;
void delay(unsigned char i)
{
  for(j=i;j>0;j--)
    for(k=125;k>0;k--);
}
unsigned char code table[]={0x3f,0x06,0x5b,0x4f,0x66,0x6d,0x7d,
0x07,0x7f,0x6f,0x77,0x7c,0x39,0x5e,0x79,0x71};
display(unsigned char num)
{
        P0=table[num];
        dd=1;
        dd=0;
        P0=0xc0;
        ww=1;
        ww=0;
```

```
}
void main()
{
  dd=0;
  ww=0;
  while(1)
  {
    P3=0xfe;
    temp=P3;
    temp=temp&0xf0;
    if(temp! =0xf0)
    {
      delay(10);
      if(temp! =0xf0)
      {
        temp=P3;
        switch(temp)
        {
          case 0xee:
                key=0;
                break;
          case 0xde:
                key=1;
                break;
          case 0xbe:
                key=2;
                break;
          case 0x7e:
                key=3;
                break;
        }
        while(temp! =0xf0)
        {
          temp=P3;
          temp=temp&0xf0;
        }
        display(key);
        P1=0xfe;
      }
    }
    P3=0xfd;
    temp=P3;
```

```
temp=temp&0xf0;
if(temp! =0xf0)
{
  delay(10);
  if(temp! =0xf0)
  {
    temp=P3;
    switch(temp)
    {
      case 0xed:
           key=4;
           break;
      case 0xdd:
           key=5;
           break;
      case 0xbd:
           key=6;
           break;
      case 0x7d:
           key=7;
           break;
    }
    while(temp! =0xf0)
    {
      temp=P3;
      temp=temp&0xf0;
    }
    display(key);
    P1=0xfc;
  }
  }
P3=0xfb;
temp=P3;
temp=temp&0xf0;
if(temp! =0xf0)
{
  delay(10);
  if(temp! =0xf0)
  {
    temp=P3;
    switch(temp)
    {
```

```
          case 0xeb:
                key=8;
                break;
          case 0xdb:
                key=9;
                break;
          case 0xbb:
                key=10;
                break;
          case 0x7b:
                key=11;
                break;
        }
        while(temp! =0xf0)
        {
          temp=P3;
          temp=temp&0xf0;
        }
        display(key);
        P1=0xf8;
      }
    }
P3=0xf7;
temp=P3;
temp=temp&0xf0;
if(temp! =0xf0)
{
  delay(10);
  if(temp! =0xf0)
  {
    temp=P3;
    switch(temp)
    {
      case 0xe7:
            key=12;
            break;
      case 0xd7:
            key=13;
            break;
      case 0xb7:
            key=14;
            break;
```

```
            case 0x77:
                key=15;
                break;
            }
            while(temp! =0xf0)
            {
              temp=P3;
              temp=temp&0xf0;
            }
            display(key);
            P1=0xf0;
          }
        }
      }
    }
```

说明：

(1) 在该例子实现过程中，可以很方便地修改程序，实现矩阵键盘的其他编码顺序的变化。

(2) 还可以设计其他实现以上功能的编程方法，另外，运用汇编语言也可以实现同样的功能。

3.3 模数转换及数模转换模块设计

模数变换主要是对模拟信号进行采样，然后量化编码为二进制数字信号；数模变换是模数变换的逆过程，主要是将当前数字信号重建为模拟信号，就是将离散的数字量转换为连接变化的模拟量。外部信号一般为连续变化的模拟量，而 CPU 只能处理数字量，就需要将模拟量转化成数字量传输给 CPU。处理之后的信号如果需要驱动一些如二极管之类的外部设备，还需要将数字信号转换为模拟信号。因此，模数转换及数模转换在实际应用中具有非常重要的地位。下面即对常见的数模转换 DAC0832 以及 ADC0804 进行具体叙述。

3.3.1 单片机与数模转换接口电路及程序设计

一、数模转换 DAC0832 的基本参数及引脚功能

DAC0832 是一种 8 位的 D/A 转换器芯片，有两路差动电流信号输出，其数字量输入端具有双重缓冲功能，可由用户按双缓冲、单缓冲及直通方式进行线路连接，实现数字量的输入控制，特别在用于要求几个模拟量同时输出的场合。DAC0832 的规格与参数如下：

➢分辨率为 8 位；

➢转换时间约 1 μs；

➢输入电平符合 TTL 电平标准；

➢功耗为 20 mW。

DAC0832 只需要一组供电电源，其值可以在＋5 V～＋10 V 范围内。DAC0832 的基准电压 V_{REF}＝－10 V～＋10 V，因而可以通过改变 V_{REF}的符号来改变输出极性。其引脚图如图 3－10 所示。

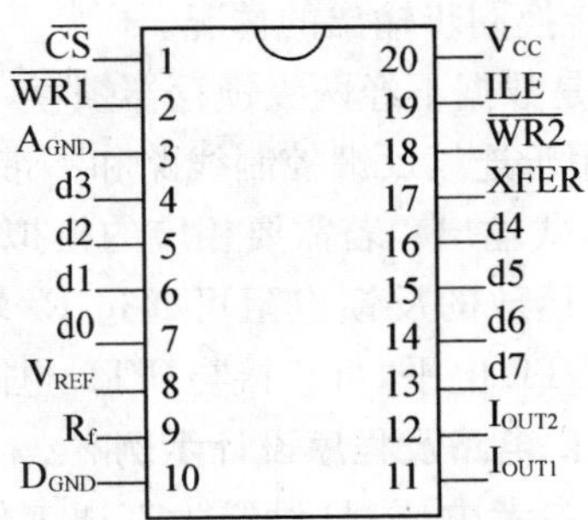

图 3－10 DAC0832 引脚图

➢d0～d7：8 位数据输入线，TTL 电平，有效时间应大于 90ns（否则锁存器的数据会出错）。

➢ILE：数据锁存允许控制信号输入线，高电平有效。

➢$\overline{CS}$：片选信号输入线（选通数据锁存器），低电平有效。

➢$\overline{WR1}$：数据锁存器写选通输入线，负脉冲（脉宽应大于 500 ns）有效。由 ILE、$\overline{CS}$、$\overline{WR1}$的逻辑组合产生 LE1，当 LE1 为高电平时，数据锁存器状态随输入数据线变换，LE1 负跳变时，将输入数据锁存。

➢XFER：数据传输控制信号输入线，低电平有效，负脉冲（脉宽应大于 500 ns）有效。

➢$\overline{WR2}$：DAC 寄存器选通输入线，负脉冲（脉宽应大于 500 ns）有效。由 WR2、XFER 的逻辑组合产生 LE2，当 LE2 为高电平时，DAC 寄存器的输出随寄存器的输入而变化，LE2 负跳变时，将数据锁存器的内容打入 DAC 寄存器并开始 D/A 转换。

➢I_{OUT1}：电流输出端 1，其值随 DAC 寄存器的内容线性变化。

➢I_{OUT2}：电流输出端 2，其值与 I_{OUT1} 值之和为一常数。

➢R_f：反馈信号输入线，改变 R_f 端外接电阻值可调整转换满量程精度。

➢V_{CC}：电源输入端，V_{CC}的范围为＋5 V～＋15 V。

➢V_{REF}：基准电压输入线，V_{REF}的范围为－10 V～＋10 V。

➢A_{GND}：模拟信号地。

➢D_{GND}：数字信号地。

二、数模转换 DAC0832 的工作方式

DAC0832 是采样频率为 8 位的 D/A 转换芯片，集成电路内有两级输入寄存器，使 DAC0832 芯片具备双缓冲、单缓冲和直通三种输入方式，以便适合于各种电路的需要（如要求多路 D/A 异步输入、同步转换等），根据对 DAC0832 的数据锁存器和 DAC 寄存器的不同的控制方式，具体说明如下。

（1）单缓冲方式。单缓冲方式是控制输入寄存器和 DAC 寄存器中的一个寄存器工作于直通状态，另一个工作于受控锁存器状态，此方式适用于只有一路模拟量输出或几路模拟量异步输出的情形，在不要求多相D/A同时输出时，可以采用单缓冲方式，此时只需一次写操作，就开始转换。

(2) 双缓冲方式。双缓冲方式是两个寄存器均工作于受控锁存器状态，如先使输入寄存器接收数据，再控制输入寄存器的输出数据到DAC寄存器，即分两次锁存输入数据。此方式适用于多个D/A转换同步输出的情况。

(3) 直通方式。直通方式是数据不经两级锁存器锁存，即$\overline{CS}$、$\overline{WR1}$、XFER、$\overline{WR2}$均接地，ILE接高电平。此方式适用于连续反馈控制线路和不带微机的控制系统。

D/A转换结果采用电流形式输出。若需要相应的模拟电压信号，可通过一个高输入阻抗的线性运算放大器实现。运放的反馈电阻可通过R_f端引用片内固有电阻，也可外接。DAC0832逻辑输入满足TTL电平，可直接与TTL电路或微机电路连接。

三、单片机与DAC0832接口电路及程序设计示例

这里，我们选择+5V作为参考电压，且设置为直通工作方式，设计控制由单片机将数字量送给DAC0832进行数模转换，并由该模拟量控制驱动一个发光二极管的亮暗变化过程，同时，采用3个数码管显示当前转换的数字量，数字量从255至0依次变化。

1. 实验电路

根据要求设计实验电路如图3-11所示，其中，所选单片机为STC89C52。例子中需要用到数码管电路，为了实现模块化设计，电路仍旧采用本书之前的电路，具体见“单片机与7段LED显示接口电路”，该例子只用到其中的前三个数码管。

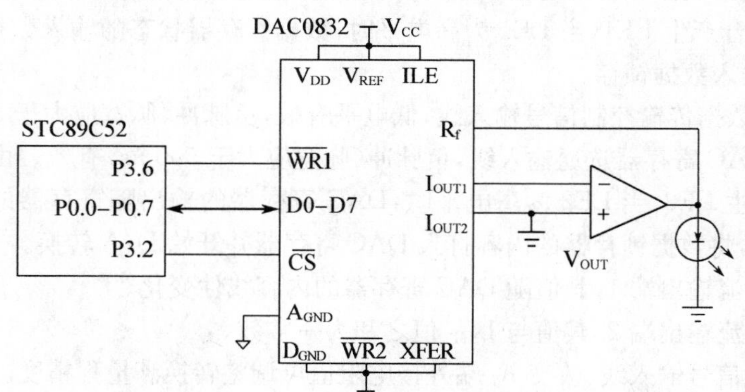

图3-11 单片机与DAC0832接口电路

2. 实验参考程序

根据以上电路设计C语言参考程序如下：

```
#include <reg51.H>
sbit wwe=P2^7;   //数码管位选
sbit ddu=P2^6;   //数码管段选
sbit dw=P3^6;   //DA写
sbit dc=P3^2;   //DA片选
unsigned char j,k;
void delay(unsigned char i)
```

```
{    for(j=i;j>0;j--)
     {
       for(k=125;k>0;k--);
     }
}
unsigned char code table[]={0x3f,0x06,0x5b,0x4f,0x66,0x6d,0x7d,0x07,0x7f,0x6f,0x77,
0x7c,0x39,0x5e,0x79,0x71};   //0～F 共阴极数码管的编码
unsigned char count;
unsigned char datas[]={0,0,0};
void display(unsigned char value)
{    datas[0]=value/100;
     datas[1]=value%100/10;
     datas[2]=value%10;
     for(count=0;count<3;count++)
     {   wwe=0;
         P0=((0xfe<<count)|(0xfe>>(8-count)));   //选择第(count+1)个数码管
         wwe=1;   //打开锁存,给下降沿量
         wwe=0;
         ddu=0;
         P0=table[datas[count]];   //显示数字
         ddu=1;   //打开锁存,给它一个下降沿量
         ddu=0;
         delay(5);   //延时 5ms,即亮 5ms
         //清除段选,让数码管灭,去除对下一位的影响
         ddu=0;
         P0=0x00;
         ddu=1;   //打开锁存,给下降沿量
         ddu=0;
     }
}
unsigned char data1,icount;
void main()
{    wwe=0;   //关闭数码管
     ddu=0;
     dc=0;   //打开 DA 片选
     data1=255;
     while(1)
     {    dw=0;   //向 DA 写数据
          P0=data1;
          dw=1;   //关闭 DA 写
          for(icount=0;icount<10;icount++)
          { display(data1);
```

```
        }
        data1 --;
    }
}
```

3.3.2 单片机与模数转换接口电路及程序设计

一、模数转换 ADC0804 的基本参数及引脚功能

ADC0804 是一款 8 位、单通道、低价格 A/D 转换器，主要特点是：模数转换时间大约 100 μs；方便的 TTL 或 CMOS 标准接口；可以满足差分电压输入；具有参考电压输入端；内含时钟发生器；单电源工作时输入电压范围是 0～5 V；不需要调零等。具体主要参数如下：

➢工作电压：+5 V，即 V_{CC}=+5 V；

➢模拟转换电压范围：0～+5 V，即 0≤V_{in}≤+5 V；

➢分辨率：8 位，即分辨率为 $1/2^8$=1/256，转换值介于 0～255；

➢转换时间：100 μs（f_{CK}=640 kHz 时）；

➢转换误差：±1 LSB；

➢参考电压：2.5 V。

其引脚图如图 3-12 所示：

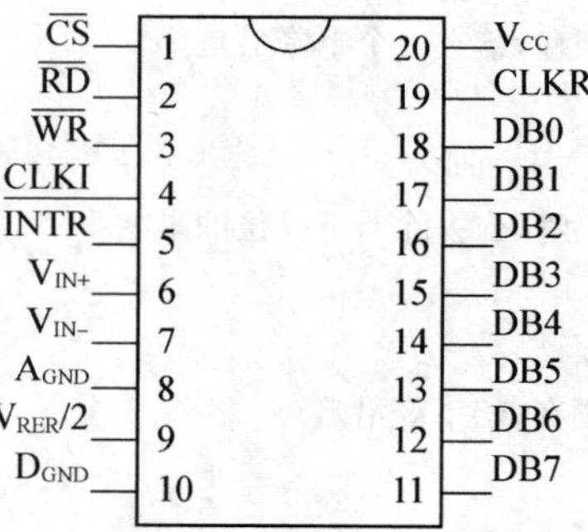

图 3-12 ADC0804 引脚图

➢$\overline{CS}$：芯片片选信号，低电平有效，即$\overline{CS}$=0 时，芯片正常工作，高电平时芯片不工作。在外接多个 ADC0804 芯片时，该信号可以作为地址选择使用，通过不同的地址信号使能不同的 ADC0804 芯片，从而可以实现多个 ADC 通道的分时复用。

➢$\overline{WR}$：启动 ADC0804 进行 ADC 采样，该信号低电平有效，即由低电平变成高电平时，触发一次 ADC 转换。

➢$\overline{RD}$：低电平有效，即$\overline{RD}$=0 时，DAC0804 把转换完成的数据加载到 DB 口，可以通过数据端口 DB0～DB7 读出本次的采样结果。

➢V_{IN+} 和 V_{IN-}：模拟电压输入端，单边输入时模拟电压输入接 V_{IN+} 端，V_{IN-} 端接地。双边输入时 V_{IN+}、V_{IN-} 分别接模拟电压信号的正端和负端。当输入的模拟电压信号存在"零点漂移电压"时，可在 V_{IN-} 接一等值的零点补偿电压，变换时将自动从 V_{IN+} 中减去这

一电压。

➢$V_{REF}/2$：参考电压接入引脚，该引脚可外接电压也可悬空，若外接电压，则 ADC 的参考电压为该外界电压的两倍，如不外接，则 V_{REF} 与 V_{CC} 共用电源电压，此时 ADC 的参考电压即为电源电压 V_{CC} 的值。

➢CLKI 和 CLKR：外接 RC 振荡电路产生模数转换器所需的时钟信号，时钟频率 CLK=1/1.1RC，一般要求频率范围 100 kHz～1 460 kHz。

➢A_{GND} 和 D_{GND}：分别接模拟地和数字地。

➢$\overline{INTR}$：转换结束输出信号，低电平有效，当一次 A/D 转换完成后，将引起 $\overline{INTR}$=0，实际应用时，该引脚应与微处理器的外部中断输入引脚相连，当产生 $\overline{INTR}$ 信号有效时，还需等待 $\overline{RD}$=0 才能正确读出 A/D 转换结果，若 ADC0804 单独使用，则可以将 $\overline{INTR}$ 引脚悬空。

➢DB0～DB7：输出 A/D 转换后的 8 位二进制结果。

二、单片机与 ADC0804 接口电路及程序设计示例

设计控制 ADC0804 芯片对 V_{IN+} 引脚输入的电压值进行采样，并对采样值进行模数变换，将转换后的数字量显示在 4 段数码管上，其中，第一个数码管点亮其小数点，最后一个数码管一直显示 0，前三个数码管显示 3 位转换后的数据。

1. 实验电路

根据要求设计实验电路如图 3-13 所示，其中，所选单片机为 STC89C52。例子中需要用到数码管电路，本例子的数码管采取另外的连接方式，希望同学可以在更换其他的电路结构后，也可以编写相应的控制程序。

在图 3-13 中，V_{CC} 接+5 V，$V_{REF}/2$ 引脚未画出，即悬空（相当于与 V_{CC} 共接 5 V 电源），因此，ADC 转换的参考电压为 V_{CC} 的 5 V。另 V_{IN-} 接地，而 V_{IN+} 连接滑动变阻器 RV，因此，V_{IN+} 的电压输入范围为 0 V～5 V。引脚 $\overline{CS}$ 接地，$\overline{WR}$ 和 $\overline{RD}$ 分别连接单片机的 P3.6 和 P3.7 引脚，而 DB0～DB7 连接单片机的 P1 口。P0 口接数码管的段选线，P2 口低四位接数码管的位选线。

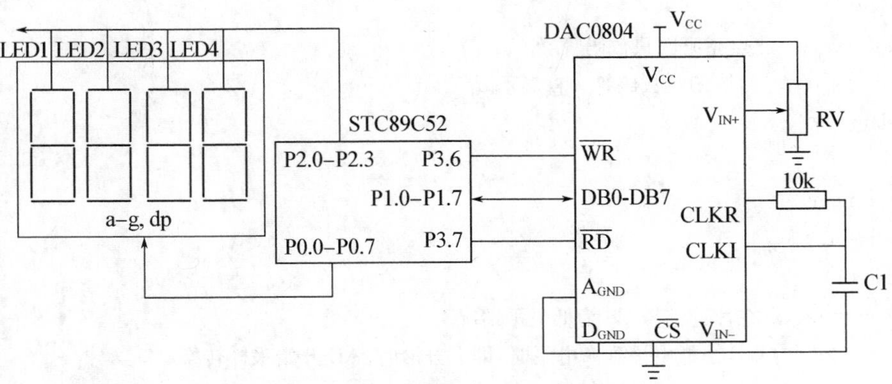

图 3-13 单片机与 ADC0804 接口电路

2. 实验参考程序

根据以上电路设计 C 语言参考程序如下：

```
#include <reg51.h>
#include <intrins.h>
#define uint unsigned int
#define uchar unsigned char
sbit wwr=P3^6;
sbit rrd=P3^7;
uchar code dis[]={0xc0,0xf9,0xa4,0xb0,0x99,0x92,0x82,0xf8,0x80,0x90};  //共阳显示代码
void delay(uint x)  //延时函数,delay(1)延时大约为 1ms
{uchar i;
while(x--)
for(i=0;i<120;i++);
}
void display(uchar db)     //数码管显示函数,用于显示模数转换后得到的数字量
{uchar bb,ss,gg;  //bb,ss,gg 分别等于 db 百位、十位、个位上的数
bb=db/100;
ss=db%100/10;
gg=db%10;
P2=0x01;  //点亮第一只数码管
P0=dis[bb]&0x7f;  //最高位置 0,点亮第一只数码管的小数点
delay(5);
P2=0x02;  //点亮第二只数码管
P0=dis[ss];
delay(5);
P2=0x04;  //点亮第三只数码管
P0=dis[gg];
delay(5);
P2=0x08;  //点亮第四只数码管
P0=dis[0];  //第四只数码管一直显示 0
delay(5);
}
void main()
{uchar i;
while(1)
{wwr=0;  //在片选信号 CS 为低电平情况下
_nop_();  //WR 由低电平到高电平时,即上升沿时,AD 开始采样转换
wwr=1;
delay(1);  //延时 1 ms,等待采样转换结束
P1=0xff;
rrd=0;  //将 RD 脚置低电平后,再延时大约 135 ns
```

```
_nop_();  //即可从 DB 脚读出有效的采样结果,传送到 P1 口
for(i=0;i<10;i ++)  //刷新显示一段时间
display(P1);  //显示从 DB 得到的数字量
}
}
```

3.4 蜂鸣器模块设计

3.4.1 蜂鸣器简介

一、蜂鸣器分类

蜂鸣器是一种一体化结构的电子讯响器,采用直流电压供电,广泛应用于计算机、打印机、复印机、报警器、电子玩具、汽车电子设备、电话机、定时器等电子产品中。蜂鸣器一般分为有源蜂鸣器和无源蜂鸣器两种,这里的"源"不是指电源,而是指震荡源,也就是说,有源蜂鸣器内部带震荡源,所以只要一通电就会叫;而无源内部不带震荡源,所以如果用直流信号无法令其鸣叫,必须用 2 kHz 到 5 kHz 的方波去驱动。

有源蜂鸣器往往比无源的贵,因为内部需要震荡电路。但有源蜂鸣器的优点是程序控制方便,而无源蜂鸣器的优点是便宜、声音频率可控、可以和 LED 复用一个控制口。

万用表电阻挡 Rxl 挡可以用于区别有源蜂鸣器与无源蜂鸣器,具体方法:用黑表笔接蜂鸣器"一"引脚,红表笔在另一引脚上来回碰触,如果触发出咔咔声,且电阻只有 8 Ω(或 16 Ω)的是无源蜂鸣器;如果能发出持续声音,且电阻在几百欧以上,则为有源蜂鸣器。

二、蜂鸣器的驱动方式

有源蜂鸣器是直流电压驱动,不需要利用交流信号驱动,因此,只需对驱动口输出电平并通过三极管放大驱动电流即可控制蜂鸣器发声。

无源蜂鸣器则需要用方波信号进行驱动,常见的驱动方式有两种:一种是 PWM 输出口直接驱动;另一种是利用 I/O 定时翻转电平产生驱动波形对蜂鸣器驱动。下面简单介绍。

1. PWM 输出口直接驱动

利用 PWM 输出口本身可以输出一定的方波来直接驱动蜂鸣器。在单片机的软件设置中,有几个系统寄存器是用来设置 PWM 口输出,可以设置其占空比、周期,通过设置,使这些寄存器产生符合蜂鸣器要求的频率的波形之后,只要打开 PWM 输出,即可输出该频率的方波,利用这个波形就可以驱动蜂鸣器。比如频率为 2 000 Hz 的蜂鸣器的驱动,需要周期为 500 μs 的信号,这样只要把 PWM 的周期设置为 500 μs,占空比电平设置为 250 μs,就能产生一个频率为 2 000 Hz 的方波,通过这个方波及三极管即可驱动该蜂鸣器。

2. 利用 I/O 定时翻转电平来产生驱动波形

利用定时器定时,通过定时翻转电平产生符合蜂鸣器要求频率的波形,从而用以驱动蜂鸣器。比如 2 500 Hz 蜂鸣器的驱动,驱动信号周期为 400 μs,只要驱动蜂鸣器的 I/O

口每 200 μs 翻转一次电平，就可以产生一个频率为 2 500 Hz 的方波，再通过三极管放大即可驱动蜂鸣器。

3.4.2 单片机与蜂鸣器接口电路及程序设计

单片机与蜂鸣器接口电路比较简单，但由于蜂鸣器的工作电流一般比较大，单片机的 I/O 口一般无法直接驱动，因此，常常利用放大电路来驱动，一般使用三极管来放大电流即可。这里设计电路、编写程序实现对蜂鸣器的控制，使其进行简单发声以及音乐发声。

一、实验电路

根据要求设计实验电路如图 3－14 所示，其中，所选单片机为 STC89C52，蜂鸣器为发声元件，选择为无源蜂鸣器，图中的三极管起开关作用。

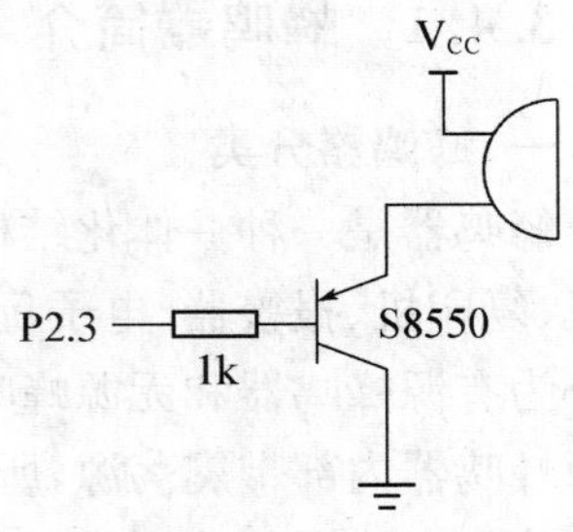

图 3－14 单片机与蜂鸣器接口电路

说明：在图 3－14 中，程序控制可以使其简单发声，也可以使其发出音乐声，下面给出两种类型的程序代码。

二、实验参考程序

1. 控制蜂鸣器间断像 BP 机一样发声

```
#include <reg52.h>
#define uchar unsigned char
#define uint unsigned int
sbit ffm=P2^3;
void delay(uchar x)
{uchar a,b;
for(a=x;a>0;a--)
for(b=100;b>0;b--);
}
void main()
{while(1)
{delay(1000);
ffm=0;
delay(1000);
ffm=1;
}
}
```

说明：在该程序中，蜂鸣器间断像 BP 机一样发声。其间隔时间在延时子程序里面可以自己更改，具体为设置 x 值，同学们可以自行设置观察其效果。

2. 控制蜂鸣器发出《让我们荡起双桨》的旋律

```
#include <reg52.h>
sbit ffm=P2^3;
void delay(unsigned int i)
{unsigned char j;
while(i--)
```

```
{for(j=0;j<115;j ++);
}
}
void shuangjiang(unsigned char ppl,unsigned int jjp)
{unsigned char pl;
unsigned int jp;
if(jjp==1) delay(250);  //1/2 拍暂停,即 1/2 拍的 0
else if(jjp==2) delay(500);  //1 拍暂停,即 1 拍的 0
else
{for(jp=0;jp<jjp;jp ++)
{ffm=0;
for(pl=0;pl<ppl;pl ++);
ffm=1;
for(pl=0;pl<ppl;pl ++);
}
}
}
void main()
{unsigned char i,x;
unsigned char code ppl[]={131,110,98,87,73,87,110,98,131,0,110,98,87,73,73,65,98,87,
87,87,73,65,73,65,55,58,65,73,65,87,110,98,87,73,110,131,110,98,87,65,73,73,0,87,65,65,
73,82,87,98,87,73,131,110,98,0,110,98,87,73,65,55,58,65,73,87,65,65};
unsigned int code jjp[]={110,131,147,494,196,165,131,294,440,1,131,147,165,588,196,440,
294,660,330,165,196,880,588,220,262,124,110,196,220,330,131,147,495,196,262,220,131,147,
165,220,784,392,2,660,660,220,196,175,330,588,495,196,110,131,147,2,131,147,330,392,440,
524,247,220,196,165,880,880};
i=68;  //数组共有 68 个元素
for(x=0;x<i;x ++)
{shuangjiang(ppl[x],jjp[x]);
}
}
```

说明:在该程序中,可以通过修改 ppl[]数组来进行其他音乐的播放,同学们可以自行修改观察其不同效果。

3.5 温度测试模块设计

3.5.1 温度传感器 DS18B20 简介

DS18B20 温度传感器是美国 DALLAS 半导体公司推出的一种改进型智能温度传感器,与传统的热敏电阻等测温元件相比,它能直接读出被测温度,并且可根据实际要求通过简单的编程,实现 9～12 位的数字值读数方式,由于 DS18B20 将温度传感器、信号放大调理、A/D 转换、接口全部集成于一个芯片，与单片机连接简单、方便，所以示例中的温度传感器采用 DS18B20。

一、DS18B20 的特点

DS18B20 是"一线器件"数字温度传感器，其主要特点如下：

(1) 采用单总线的接口方式，仅需要一条口线即可实现微处理器与 DS18B20 的双向通信。单总线具有经济性好、抗干扰能力强、适合于恶劣环境的现场温度测量、使用方便等优点。

(2) 测量温度范围宽，测量精度高，DS18B20 的测量范围为－55 ℃～＋125 ℃；在－10 ℃～＋85 ℃范围内，精度为±0.5 ℃。

(3) 在使用中不需要任何外围元件。

(4) 持多点组网功能，多个 DS18B20 可以并联在唯一的单线上，实现多点测温。

(5) 测量参数可配置 DS18B20 的测量分辨率，可通过程序设定 9～12 位。

(6) 负压特性电源极性接反时，温度计不会因发热而烧毁，但不能正常工作。

(7) 掉电保护功能：DS18B20 内部含有 EEPROM，在系统掉电以后，仍可保存分辨率及报警温度的设定值。

二、DS18B20 内部结构

DS18B20 采用 3 脚 PR－35 封装或 8 脚 SOIC 封装，其内部结构框图如图 3－15 所示。

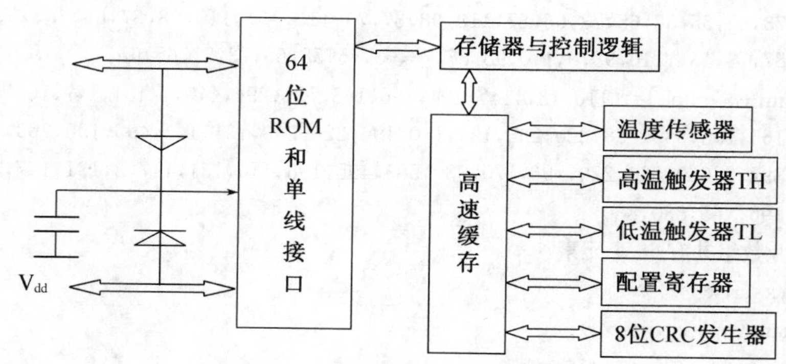

图 3－15　DS18B20 内部结构框图

DS18B20 内部结构主要由 4 部分组成：64 位 ROM、温度传感器、非挥发的温度报警触发器 TH 和 TL、配置寄存器。

ROM 中的 64 位序列号是出厂前被光刻好的，它可以看作是该 DS18B20 的地址序列码，每个 DS18B20 的 64 位序列号均不相同，这样就可以实现一根总线上挂接多个 DS18B20。64 位 ROM 的结构开始 8 位是产品类型的编号，接着是每个器件的唯一的序号，共有 48 位，最后 8 位是前面 56 位的 CRC 检验码，这也是多个 DS18B20 可以采用一根总线进行通信的原因。

温度报警触发器 TH 和 TL，可通过软件写入报警上下限，DS18B20 中的温度传感器可完成对温度的测量。

DS18B20 温度传感器的内部存储器还包括一个高速暂存 RAM 和一个非易失性的可

电擦除的 EERAM。高速暂存 RAM 的结构为 9 字节的存储器，结构如图 3－16 所示。前 2 个字节包含测得的温度信息；第 3 和第 4 字节为 TH 和 TL 拷贝，是易失的，每次上电复位时被刷新；第 5 个字节为配置寄存器，其内容用于确定温度值的数字转换分辨率；高速暂存 RAM 的第 6、7、8 字节保留未用，表现为全逻辑 1；第 9 字节读出前面所有 8 个字节的 CRC 码，可用来检验数据，从而保证通信数据的正确性。

温度 LSB	温度 MSB	TH 用户字节 1	TL 用户字节 2	配置寄存器	保留	保留	保留	CRC

图 3－16　高速暂存 RAM 的结构

配置寄存器各位的定义如图 3－17 所示。低 5 位一直为 1，TM 是工作模式位，用于设置 DS18B20 的工作模式或测试模式，DS18B20 出厂时该位被设置为 0，用户可以改动，R1 和 R0 决定温度转换精度位数，用来设置分辨率，具体设置的分辨率及转换时间见表3－4 所示。

TM	R1	R0	1	1	1	1	1

图 3－17　DS18B20 配置寄存器定义

表 3－4　DS18B20 温度转换时间表

R1	R0	分辨率/位	最大转换时间/ms
0	0	9	93.75
0	1	10	187.5
1	0	11	375
1	1	12	750

由表 3－4 可见，DS18B20 温度转换的时间比较长，而且分辨率越高，所需要的温度数据转换时间越长。因此，在实际应用中要权衡考虑分辨率和转换时间。

当 DS18B20 接收到温度转换命令后，开始启动转换。转换完成后的温度值就以 16 位带符号扩展的二进制补码形式存储在高速暂存存储器的第 1、2 字节。单片机可以通过单线接口读出该数据，读数据时低位在先，高位在后，数据格式以 0.062 5 ℃/LSB 形式表示。具体格式如图 3－18 所示。

	Bit 7	Bit 6	Bit 5	Bit 4	Bit 3	Bit 2	Bit 1	Bit 0
LS Byte	2^3	2^2	2^1	2^0	2^{-1}	2^{-2}	2^{-3}	2^{-4}

	Bit 15	Bit 14	Bit 13	Bit 12	Bit 11	Bit 10	Bit 9	Bit 8
MS Byte	S	S	S	S	S	2^6	2^5	2^4

图 3－18　DS18B20 温度格式

其中，S 为符号位，其余为数值位，当符号位 S＝0 时，则表示测得的温度值为正值，可以直接将二进制位转换为十进制；当符号位 S＝1 时，表示测得的温度值为负值，要先将补码变成原码，再计算十进制数值。表 3－5 是一部分温度值对应的二进制温度数据。

表 3－5　DS18B20 常见温度对应值表

温度/℃	二进制表示	十六进制表示
＋125	0000 0111　1101 0000	07D0H
＋85	0000 0101　0101 0000	0550H
＋25.062 5	0000 0001　1001 0001	0191H
＋10.125	0000 0000　1010 0010	00A2H
＋0.5	0000 0000　0000 1000	0008H
0	0000 0000　0000 0000	0000H
－0.5	1111 1111　1111 1000	FFF8H
－10.125	1111 1111　0101 1110	FF5EH
－25.062 5	1111 1110　0110 1111	FE6FH
－55	1111 1100　1001 0000	FC90H

DS18B20 完成温度转换后，就把测得的温度值与 RAM 中的 TH、TL 字节内容做比较。若 T＞TH 或 T＜TL，则将该器件内的报警标志位置位，并对主机发出的报警搜索命令做出响应。因此，可用多只 DS18B20 同时测量温度并进行报警搜索。

在 64 位 ROM 的最高有效字节中存储有循环冗余检验码（CRC）。主机 ROM 的前 56 位来计算 CRC 值，并和存入 DS18B20 的 CRC 值做比较，以判断主机收到的 ROM 数据是否正确。

另外，由于 DS18B20 单线通信功能是分时完成的，它有严格的时隙概念，因此，读写时序很重要。系统对 DS18B20 的各种操作按协议进行。操作协议为：初始化 DS18B20（发复位脉冲）→发 ROM 功能命令→发存储器操作命令→处理数据。

三、DS18B20 引脚图

DS18B20 封装有两种，一是 To－92 封装，另一个是 8－Pin SOIC 封装，具体如图 3－19 所示，其引脚功能描述见表 3－6 所示。

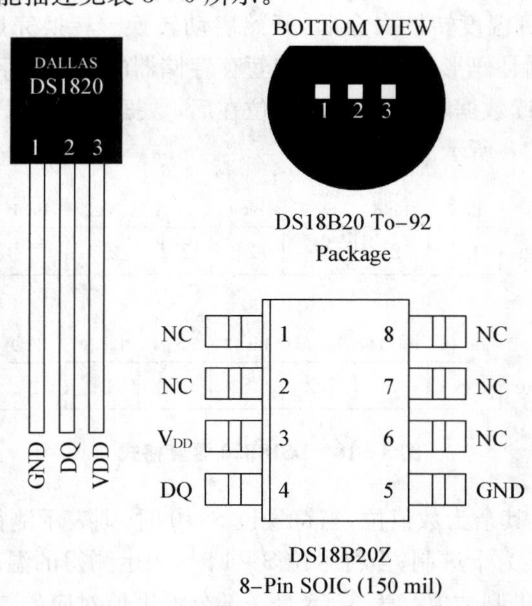

图 3－19　DS18B20 封装

表 3-6 DS18B20 引脚功能详细描述

序号	名称	引脚功能描述
1	GND	地信号
2	DQ	数据输入/输出引脚，开漏单总线接口引脚，当被用在寄生电源下时，也可以向器件提供电源
3	V_{DD}	可选择的 V_{DD} 引脚，当工作于寄生电源时，此引脚必须接地

3.5.2 单片机与温度传感器 DS18B20 接口电路及程序设计

为了验证 DS1302 的测温控制过程，这里使用 DS1302 实现对当前温度的测量，并利用液晶显示屏对其进行显示，同时，当温度超过 35 ℃时，利用发光二极管进行报警。

一、实验电路

根据要求设计实验电路如图 3-20 所示，其中，所选单片机为 STC89C52，为了模块化设计，图中所用到的液晶电路以及发光二极管报警电路依旧是采用前面章节所设计的电路，具体见"单片机与 LCD1602 显示接口电路"及"单片机与发光二极管 LED 显示接口电路"，这里简化如图 3-20 所示。

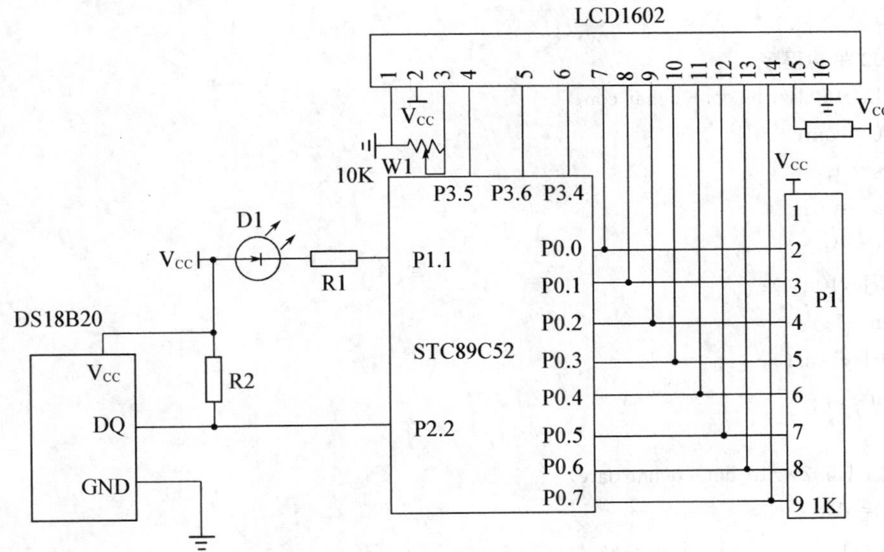

图 3-20 单片机与温度传感器 DS18B20 接口电路

二、实验参考程序

根据以上电路设计 C 语言参考程序如下：

```
#include <reg52.h>
#include "intrins.h"
#define uchar unsigned char
#define uint unsigned int
//1602 IO 口定义
```

```
sbit rs=P3^5;
sbit rw=P3^6;
sbit en=P3^4;
//ds18b20 接口定义
sbit DS=P2^2;             //ds18b20 数据线接口
//led IO 口定义
sbit led=P1^1;            //实现报警功能
uint temp;                //温度变量
bit timeover=0;      //定时标志
uchar times=0;      //定时次数计数
void delay10us()      //精确延时 10 μs
{
    _nop_(); _nop_();_nop_();_nop_();_nop_();_nop_();
}
void delaynms(uint x)   //延时 n ms
{uint a,b;
    for(a=x;a>0;a--)
        for(b=125;b>0;b--);
}
//1602 驱动程序
void Lcd1602write_com(uchar com)
{   P0=com;
    rs=0;
    rw = 0;
    en=0;
    delay10us();
    en=1;
    delay10us();
    en=0;
}
void Lcd1602write_date(uchar date)
{   P0=date;
    rs=1;
    rw = 0;
    en=0;
    delay10us();
    en=1;
    delay10us();
    en=0;

}
//三个参数分别为行号,字符个数,字符串
```

```
void Lcd1602write_string(uchar line,uchar clu,uchar num,char str[])
{   uchar a;
    if(line==0)
      Lcd1602write_com(0x80+clu);
    else
      Lcd1602write_com(0xc0+clu);
   delaynms(1);
   for(a=0;a<num;a ++)
   {Lcd1602write_date(str[a]);
   delaynms(1);
    }
}
void Lcd1602init()
{    rw=0;
    Lcd1602write_com(0x38);   //功能设置,8位数据口,2行,5×7点阵
    delaynms(1);
    Lcd1602write_com(0x0c);   //设置显示开、光标关、闪烁关
    delaynms(1);
    Lcd1602write_com(0x06);   //设置读写操作后地址自动+1,画面不动
    delaynms(1);
    Lcd1602write_com(0x01);   //清屏
    delaynms(1);
}
  //定时器0中断服务程序,定时50 ms,50 ms一到,输出一个脉冲
 void T0IntSev() interrupt 1
  {TL0=(65536-50000)%256;   //12 MHz晶振,重写定时50 ms的初值
   TH0=(65536-50000)/256;//
      times ++;
   if( times%10==0)   //报警闪烁
      led=1;
   if( times==20)   //定时1 s
   { times=0;
      timeover=1;
    }
  }
 void dsreset(void)             //18B20复位,初始化函数
 {uint i;
   DS=0;
   i=103;
   while(i>0)i --;
   DS=1;
   i=4;
```

```
    while(i>0)i--;
}
bit tmpreadbit(void)          //读 1 位数据函数
{ uint i;
    bit dat;
    DS=0;i++;                 //用于延时
    DS=1;i++;i++;
    dat=DS;
    i=8;while(i>0)i--;
    return (dat);
}
uchar tmpread(void)       //读 1 字节函数
{uchar i,j,dat;
   dat=0;
   for(i=1;i<=8;i++)
   {j=tmpreadbit();
     dat=(j<<7)|(dat>>1);  //读出的数据最低位在前,一个字节在 DAT
   }
   return(dat);
}
void tmpwritebyte(uchar dat)  //向 1820 写一个字节数据函数
{uint i;
   uchar j;
   bit testb;
   for(j=1;j<=8;j++)
   {testb=dat&0x01;
     dat=dat>>1;
     if(testb)        //write 1
     {DS=0;
       i++;i++;
       DS=1;
       i=8;while(i>0)i--;
     }
     else
     {DS=0;            //写 0
       i=8;while(i>0)i--;
       DS=1;
       i++;i++;
     }
   }
}
void tmpchange(void)  //开始获取数据并转换
```

```
{dsreset();
  delaynms(1);
  tmpwritebyte(0xcc);  //写跳过读 ROM 指令
  tmpwritebyte(0x44);  //写温度转换指令
}
uint tmp()                  //读取寄存器中存储的温度数据
{ float tt;
  uchar a,b;
  dsreset();
  delaynms(1);
  tmpwritebyte(0xcc);
  tmpwritebyte(0xbe);
  a=tmpread();     //读低 8 位
  b=tmpread();     //读高 8 位
  temp=b;
  temp<<=8;                   //两个字节组合为 1 个字
  temp=temp|a;
  tt=temp*0.0625;  //温度在寄存器中是 12 位,分辨率是 0.0625
  temp=tt*10+0.5;  //乘 10 表示小数点后只取 1 位,加 0.5 是四舍五入
  return temp;
}
void main()
{uchar i,j,t;
char str[16];
int wendu=0;
P0=0XFF;
P1=0XFF;
P2=0XFF;
P3=0XFF;
Lcd1602init();
TMOD=0X61;  //定时器 0,定时模式 1;定时器 1,计数方式 2
TL0=(65536-50000)%256;  //12 MHz 晶振,定时 50 ms 的初值
TH0=(65536-50000)/256;  //
EA=1;  //开中断
ET0=1;
TR0=1;
while(1)
{tmpchange();
  wendu=tmp();
  j=0;
  if(wendu/10.0>=35)
      led=0;     //高温报警
```

```
    else
        led=1;
    i=wendu%10;   //取小数位
    str[j ++]=i+0x30;
    str[j ++]='.';   //存小数点.
    wendu/=10;
  while(wendu! =0)
  {i=wendu%10;
    str[j ++]=i+0x30;
    wendu/=10;
  }
  str[j]=0;
  i=0;
  while(i<=(j-1)/2)   //字符串存储镜像
  {t=str[i];
  str[i]=str[j-1-i];
  str[j-1-i]=t;
  i ++;
  }
    //显示
  Lcd1602write_string(0,0,16,"  Temperature   ");
  Lcd1602write_string(1,6,4,str);  //显示温度
  timeover=0;
  while(! timeover);
  }
  }
```

扫一扫可见本章习题及答案

1. 如何消除键盘的抖动?

2. 试编程让接在P1.0引脚上的LED发光。

3. 编程实现使用D/A转换器产生初相位为0的正向锯齿波,锯齿波周期自定,假定输入寄存器地址为5000H。

4. 编制一个循环闪烁灯的程序。有8个发光二极管,每当其中某个灯闪烁点亮10次后,转到下一个闪烁10次,循环不止。画出电路图。

5. 8225A控制字地址为300FH,请按:A口方式0输入,B口方式1输出,C口高位输出,C口低位输入,确定8225A控制字并编初始化程序。

6. 设计一个4位数码显示电路,并用汇编语言编程使"8"从右到左显示一遍。

7. 在8051单片机的INT0引脚外接脉冲信号,要求每送来一个脉冲,把30H单元

值加 1,若 30H 单元记满则进位 31H 单元。试利用中断结构,编制一个脉冲计数程序。

8. 利用 89C51 的 P1 口控制 8 个发光二极管 LED。相邻的 4 个 LED 为一组,使 2 组每隔 0.5 s 交替发亮一次,周而复始,试编写程序。

9. 设计 89C51 和 ADC0809 的接口,采集 2 通道 10 个数据,存入内部 RAM 的 50H～59H 单元,画出电路图,编出:

(1) 延时方式;

(2) 查询方式;

(3) 中断方式中的一种程序。

10. 如图所示,单片机 P1 口的 P1.0 和 P1.1 各接一个开关 S1、S2,P1.4、P1.5、P1.6 和 P1.7 各接一只发光二极管。试编写程序,由 S1 和 S2 的不同状态来确定哪个发光二极管被点亮,如表所示。

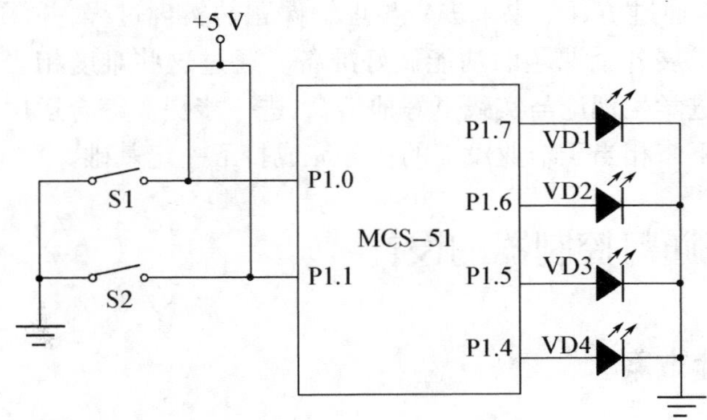

S1、S2 与二极管的关系

S2	S1	被点亮的二极管
0	0	VD1
0	1	VD2
1	0	VD3
1	1	VD4

11. 设计一个 2×2 行列式键盘电路并编写键盘扫描子程序。

12. 在外部 RAM 首地址为 BUF 的数据表中有 10 个字节数据,编程实现将每个字节最高位无条件置 1。

13. 编写一段程序,用 P1 口作为控制端口,使 8 只 LED 轮流点亮,点亮时间自定,设 LED 为共阳极连接。

14. 由 80C51 构成的单片机应用系统中,要求使用两片 DAC0832 进行两路模拟量同步输出,请画出 80C51 与两片 DAC0832 的逻辑连接图。

15. 简述模数转换 ADC0804 的基本参数及引脚功能。

16. 简述蜂鸣器分类。

17. 简述蜂鸣器不同驱动方式的特点。

18. 简述 DS18B20 的特点。

第四章　系统开发与实战训练之基础训练

本章为系统开发与实战训练之基础训练，提出一些相当于课程设计难度的简单任务，分别为交通灯控制器的设计、抢答器的设计、密码锁的设计、计算器的设计，并给出各个设计的硬件以及软件的完整设计方案。在本章的每一个部分介绍中，首先简述了该设计的基本特点、发展趋势、常见的设计方案，然后介绍了该课题的具体硬件设计框图以及硬件电路、软件程序、功能使用说明，从而保证每个课题的设计方案都切实可行，同学们可以在做实物之前先对其进行 Proteus 仿真，通过仿真结果来进一步理解课题的实现过程，并深刻理解程序的实现方法，从而为继续扩展各个课题的功能做好准备。通过这些难度相当于课题设计的任务的实现，以达到促进学生理论与实践更好地结合、进一步提高综合运用所学知识和设计能力的目的，并为接下来相当于毕业设计的任务完成打下一定基础。

4.1　交通灯控制器的设计

4.1.1　交通灯控制器的设计方案

伴随着我国经济的高速发展，私家车、公交车的增加给我国的道路交通系统带来沉重的压力，很多大城市都不同程度地受到交通堵塞问题的困扰，而交通信号灯则是日常生活中最常见的自动交通指挥系统，由此提出本课题的设计思路。

在设计之初需要：

(1) 分析目前交通路口的基本控制技术以及各种通行方案，并提出自己的交通控制初步方案；

(2) 确定系统交通控制的总体设计，包括十字路口具体的通行方案设计以及系统应拥有的各项功能；

(3) 进行显示灯状态电路的设计和对各器件的选择及连接；

(4) 进行软件系统的设计。

通过调研可知：东西、南北两干道交于一个十字路口，各干道有一组红、黄、绿三色指示灯，用以指挥车辆和行人安全通行。其中，红灯亮则禁止通行，绿灯亮则允许通行，黄灯亮则提示人们注意红、绿灯的状态切换。一般的交通灯设计的基本要求如下：

(1) 初始东西绿灯亮，南北红灯亮，东西方向通车；

(2) 延时一段时间，东西路口绿灯熄灭，黄灯闪烁；

(3) 黄灯闪烁后，东西路口红灯亮，同时南北路口绿灯亮，南北方向开始通车。

以上只是基本功能，具体任务可以根据实际情况进行扩展和修改，本设计的具体功能见下一节。

4.1.2 交通灯的硬件设计

本交通灯是简易式设计，意在通过该设计方式对交通灯的实现进行完整说明，同学们在学习之后，可以很方便地在此基础上进行其他功能的扩展，整个系统可以完成以下功能：

(1) 系统设置双向单排灯：每个方向只有单圆灯控制交通，无转向控制灯，无时间显示；

(2) 系统有三个工作模式：由工作模式按键 S0 控制，分别是正常工作模式、事故模式(双向红灯)、双黄闪模式(双向黄灯闪烁)；

(3) 系统可以进行各个方向的通行时间设置：通过按键 S1、S2、S3、S4 对正常模式的两个方向的通车时间进行增减设置，其中，通行的最大时间为 99 秒，最小时间为 20 秒。

根据以上要求，设计交通灯的硬件设计框图如图 4－1 所示。

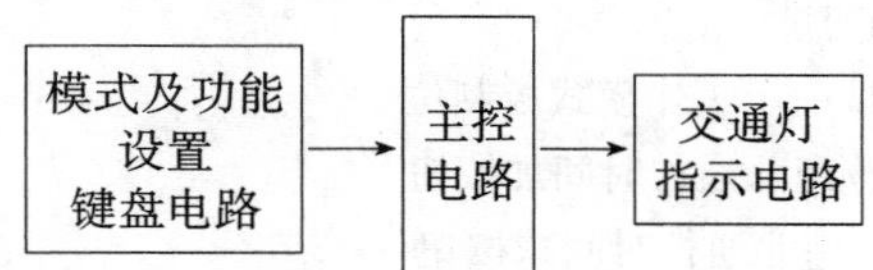

图 4－1 交通灯硬件设计框图

系统依旧采用单片机 STC89C52 作为中心器件来完成控制任务。同时，设置 12 个交通指示灯，其中，D1、D2 为东西方向绿灯，D3、D4 为东西方向黄灯，D5、D6 为东西方向红灯，D7、D8 为南北方向绿灯，D9、D10 为南北方向黄灯，D11、D12 为南北方向红灯。另外，设置 5 个按键，其中，S0 为模式选择按键，S1、S2 分别为南北通行时间设置加、减按键，S3、S4 分别为东西通行时间设置加、减按键。具体硬件电路如图 4－2 所示。

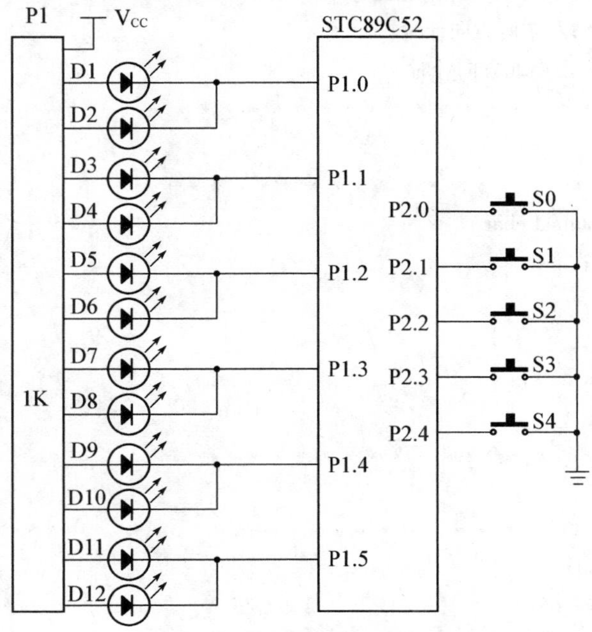

图 4－2 交通灯硬件电路设计

4.1.3 交通灯的软件设计

根据以上电路设计C语言参考程序如下：

```
#define uchar unsigned char
#include  <reg51.h>
void  Initial(void);
/*****************************
变量、控制位定义
*****************************/
    uchar  EW=30,SN=30;//初始化交通灯时间
    uchar  count;//计时中断次数
    uchar i,j;//循环控制变量
    sbit Mode_Button=P2^0;//工作模式控制位
    sbit SN_Add=P2^1;//南北通行时间加按钮
    sbit SN_Sub=P2^2;//南北通行时间减按钮
    sbit      EW_Add=P2^3;//东西通行时间加按钮
    sbit      EW_Sub=P2^4;//东西通行时间减按钮
    sbit EW_green=P1^0; //东西绿灯
    sbit EW_yellow=P1^1;//东西黄灯
    sbit EW_red=P1^2;  //东西红灯
    sbit      SN_green=P1^3; //南北绿灯
    sbit      SN_yellow=P1^4;//南北黄灯
    sbit      SN_red=P1^5;  //南北红灯
    char Time_EW;//东西方向计时
    char Time_SN;//南北方向计时
/*****************************
延时n ms子程序
*****************************/
void Delaynms(unsigned char i)
{unsigned char j,k;
for(;i>0;i--)
for(j=2;j>0;j--)
for(k=248;k>0;k--);
}
/*************************
按键处理程序
*************************/
void ButtonPro(void)
{if(Mode_Button==0)
{ if (EA==1&&(Time_EW>0||Time_SN>0))        //意外模式全显示红灯
{ EA=0;
```

```
        TR0=0;
        EW_green=1;//
        EW_yellow=1;//SN
        EW_red=0;//SN
        SN_green=1;//
        SN_yellow=1;//
        SN_red=0;//
    }
    else if(EA==1)      //回复正常模式
    {Initial();
    }
    else  //双黄闪模式
    {TH0=0x3C;//定时器初始化
    TL0=0xB0;
    EA=1;//CPU 开中断
    ET0=1;//开定时中断
    TR0=1;//启动定时
    Time_EW=-1;//
    Time_SN=-1;//
    EW_green=1;//
    EW_yellow=0;//SN
    EW_red=1;//SN
    SN_green=1;//
    SN_yellow=0;//
    SN_red=1;//
    P2=0X0FF;
    }
    }
    /*四个时间控制按钮分别控制 SN、EW 方向初始通行时间加减，最长不超过 99 s，最少不低于
20s*/
    if(SN_Add==0)//SN+1
    {SN+=1;
    if(SN>99)
    SN=99;
    }
    if(SN_Sub==0)//SN-1
    {SN-=1;
    if
    (SN<20)
    SN=20;
    }
    if (EW_Add==0)//EW+1
```

```
{EW+=1;
if(EW>99)
EW=99;
}
if(EW_Sub==0)//EW-1
{EW-=1;
if(EW<20)
EW=20;
}
}
/*****************************
亮灯控制
*****************************/
void    Process()
{if(Time_EW==-1&&Time_SN==-1)
{    //双黄闪
    EW_green=1;
    EW_yellow=0;
    EW_red=1;
    SN_green=1;
    SN_yellow=0;
    SN_red=1;
}
else
    if(Time_EW>=3&&Time_SN==-1)
    {//东西通
    EW_green=0;
    EW_yellow=1;
    EW_red=1;
    SN_green=1;
    SN_yellow=1;
    SN_red=0;
}
else
if(Time_EW<3&&Time_SN==-1)
  {  //东西黄闪
    EW_green=1;
    EW_yellow=0;
    EW_red=1;
    SN_green=1;
    SN_yellow=1;
    SN_red=0;
```

```
    if(Time_EW==0)
    { Time_SN=SN;//初始化南北方向通行时间
    Time_EW=-1;
    }
}
else
if(Time_EW==-1&&Time_SN>=3)
    {  //南北通
    EW_green=1;
    EW_yellow=1;
    EW_red=0;
    SN_green=0;
    SN_yellow=1;
    SN_red=1;
}
else
if(Time_EW==-1&&Time_SN<3)
    {//  南北黄闪
    EW_green=1;
    EW_yellow=1;
    EW_red=0;
    SN_green=1;
    SN_yellow=0;
    SN_red=1;
    if(Time_SN==0)
    {Time_EW=EW;//初始化东西方向通行时间
    Time_SN=-1;
    }
}
}
/***************************
计时中断服务程序
***************************/
void timer0(void) interrupt 1 using 1//T0 中断
{TH0=0x3C;
TL0=0xB0;//定时计数初值
count++;//中断溢出一次 count+1
if(count==10)
{EW_yellow=1;//SN  黄灯 1 s 闪烁一次
SN_yellow=1;
}
if(count==20)
```

```
{if(Time_EW>0)
 Time_EW --;
 else
 if(Time_SN>0)
 Time_SN --;
 count=0; //中断次计数器 count 清零,倒计时时间-1
 //亮灯控制
     Process();
 }
 }
 /*******************************
 初始化程序
 *******************************/
 void  Initial(void)
 {TMOD=0x01;//定时器工作方式
 TH0=0x3C;//定时器初始化
 TL0=0xB0;
 IT0=1;//中断触发方式为下降沿触发
 EA=1;//CPU 开中断
 ET0=1;//开定时中断
 TR0=1;//启动定时
 Time_EW=-1;//初始化东西方向禁行
 Time_SN=SN;//初始化南北方向通行时间
 EW_green=1;
 EW_yellow=1;
 EW_red=0;
 SN_green=0;
 SN_yellow=1;
 SN_red=1;
 P2=0X0FF;//按键状态输入引脚读引脚使能
 }
 /*******************************
 主程序
 *******************************/
 main()
 {uchar t;
   Initial();
 while(1)
 {P2=0X0FF;
 if(P2! =0xff)
     {t=P2;
         Delaynms(10);
```

```
            if(t==P2)
            {ButtonPro();
                while(P2!=0xff);
                Delaynms(10);
            }
        }
    }
}
```

4.2 抢答器的设计

4.2.1 抢答器的设计方案

抢答器是一种应用非常广泛的设备，在各种竞赛、抢答场合中，它能迅速、客观地分辨出最先获得发言权的选手，最初为用于智力竞赛参赛者抢答的优先判决器电路，且大部分由数字电路组成，其制作过程复杂、准确性与可靠性不高、成品面积大、安装维护困难，现在，大多数抢答器均使用单片机或数字集成电路来完成，并增加了许多新功能，如选手号码显示、抢按前或抢按后计时、选手得分显示等。随着科学技术的发展，抢答器也会趋向于智能化，而利用单片机来控制其实现具体功能，则可以保证其真正朝着智能化的有利方向发展。

一般情况下，对抢答器的需求如下：

(1) 在抢答中，只有开始后抢答才有效，如果在开始抢答前抢答为无效；

(2) 抢答限定时间和回答问题时间可在设定时间内进行；

(3) 可以显示选手是有效抢答，还是无效抢答。

4.2.2 抢答器的硬件设计

本抢答器是简易式设计，意在通过该设计方式对抢答器的实现进行完整说明，同学们在学习之后，可以很方便地在此基础上进行其他功能的扩展，整个系统可以完成以下功能：

➢同时供 8 名选手比赛，分别用 8 个按钮 S1～S8 表示。

➢系统设置一个取消清除(CANCLE)和抢答开始控制(START)开关，该开关由主持人控制。

➢系统设置一位数码管，用以显示当前抢答状态，如抢答成功或违规位号。

➢系统为每个抢答位设置一个抢答按钮和抢答状态指示灯。

➢抢答器具有锁存与显示功能，即选手按动按钮，锁存相应的编号，同时，相应指示灯点亮，并在七段数码管上显示选手号码。选手抢答实行优先锁存，且优先抢答选手的编号一直保持到主持人清除系统为止。

➢抢答器具有定时抢答功能，且一次抢答的时间由主持人设定(该程序设定为 3 s)。当主持人启动“开始”(START)键后，定时器进行减计时。参赛选手需要在该设定时间内进行抢答，否则，抢答无效，并保持到主持人清除系统为止。

系统具体工作流程如下：

步骤一　系统上电，初始化成待机状态，数码管显示“—”，每个抢答位的状态显示灯全部熄灭。

步骤二　管理员按下“开始”(START)按钮后数码管显示“0”，同时每个抢答位的指示灯都亮，提示准备抢答，此时抢答人不能按抢答按钮，否则违规，如有违规产生，数码管闪烁显示违规位号，同时相应抢答位指示灯闪烁，管理员按取消(CANCLE)键恢复到待机状态。

步骤三　如 3 s 内全部指示灯熄灭之前，无违规行为，则进入抢答状态，此后任何一个抢答位有按抢答键，系统会使用数码管显示抢答位号，同时相应抢答位指示灯常亮。

步骤四　如果在抢答位按抢答键之前，管理员按了取消(CANCLE)键，则恢复到待机状态，另外，抢答位有人按抢答键后，只有按取消键，系统才能恢复到待机状态，且只有在待机状态下，管理员才可以按开始键，开始新一轮抢答。

根据以上要求，设计抢答器的硬件设计框图，如图 4－3 所示。

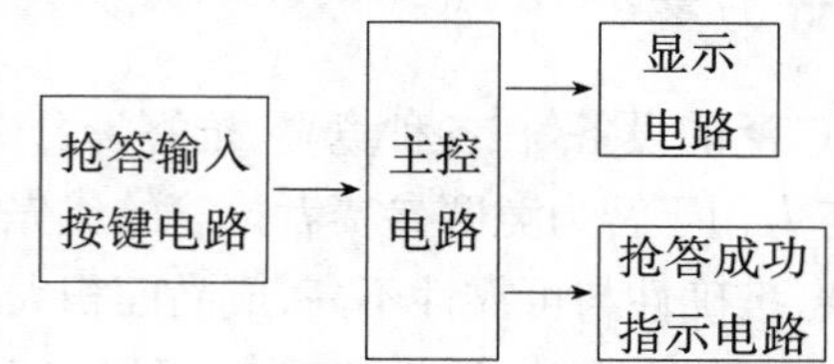

图 4－3　抢答器硬件设计框图

在图 4－3 中，按键电路用以实现选手抢答以及主持人控制，显示电路用以实现对抢答成功以及违规选手号的显示，指示电路用以显示对抢答成功选手的提示。整个系统依旧采用单片机 STC89C52 作为中心器件来完成控制任务。同时，设置 8 个抢答成功指示灯 D1～D8，8 个选手抢答按键 S1～S8 以及由主持人控制的取消(CANCLE)和抢答开始(START)按键，并设置了成功抢答选手号以及违规选手号等显示用 LED 数码管。具体硬件电路如图 4－4 所示。

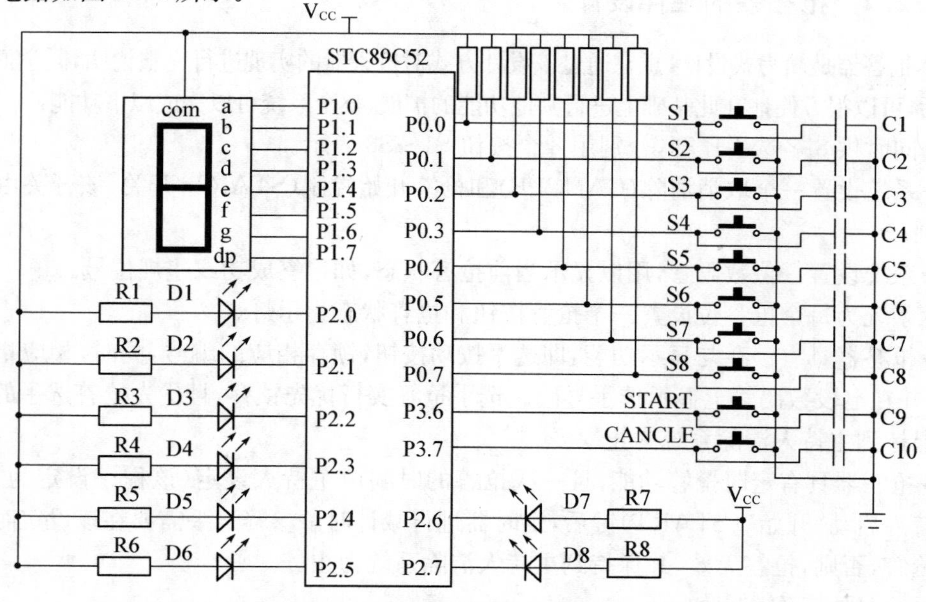

图 4－4　抢答器硬件电路设计

4.2.3 抢答器的软件设计

根据以上电路设计 C 语言参考程序如下：

```
#include <at89x51.h>
#define uchar unsigned char
#define uint unsigned int
/*****************************
延时 n ms 子程序
*****************************/
void Delaynms(unsigned int i)
{unsigned char j,k;
for(;i>0;i--)
for(j=2;j>0;j--)
for(k=248;k>0;k--);
}
void main(void)
    {int i=0;
    P1=0x0;
    P2=0x0;
    Delaynms(1000);
    P1=0x0ff;
    P2=0x0ff;
    P0=0xFF;
    P3=0xFF;
    while(1)
            {P1=0xbf;
            P2=0XFF;
            if(P3_7)continue;
            else
            {  while(! P3_7);
               P2=0X00;//LED 全亮
               P1=255-0x3f;//0
               for(i=0;i<300;i++)//抢答开始的准备时间 3 s
               {  Delaynms(10);
                  if(P0! =0xff)
                  {char t=0;
                  t=P0;
                  while(P3_6)//闪烁显示
                  {int j=0;
                  switch(t)      //共阳极数码管，显示抢按台号，对应指示灯亮
                  {case 0xfe:P1=255-0x06;P2=255-0X01;break; //1
```

```
      case 0xfd:P1=255-0x5B;P2=255-0X02;break; //2
      case 0xfb:P1=255-0x4F;P2=255-0X04;break; //3
      case 0xf7:P1=255-0x66;P2=255-0X08;break; //4
      case 0xef:P1=255-0x6D;P2=255-0X10;break; //5
      case 0xdf:P1=255-0x7D;P2=255-0X20;break; //6
      case 0xbf:P1=255-0x07;P2=255-0X40;break; //7
      case 0x7f:P1=255-0x7F;P2=255-0X80;break; //8
      default: P1=0xF9;P2=255-0XFF;  //E
     }
     for(j=0;j<50;j ++)
     {Delaynms(10);
      if(! P3_6)
        {break;}
     }
     P1=255;P2=255; //关显示 ,实现闪烁
     for(j=0;j<50;j ++)
     {Delaynms(10);
      if(! P3_6)
        {break;}
     }
     }
     break;
     }
  }
P1=255;P2=255; //关显示 ,开始抢答
if(i>=300)//无违规提前抢按
{while(P0==0xff)
{  if(! P3_6)break;    }     //循环判断,等待按键,同时显示0
                              //读取数据
switch(P0)//共阳极数码管
{case 0xfe:P1=255-0x06;P2=255-0X01;break; //1
 case 0xfd:P1=255-0x5B;P2=255-0X02;break; //2
 case 0xfb:P1=255-0x4F;P2=255-0X04;break; //3
 case 0xf7:P1=255-0x66;P2=255-0X08;break; //4
 case 0xef:P1=255-0x6D;P2=255-0X10;break; //5
 case 0xdf:P1=255-0x7D;P2=255-0X20;break; //6
 case 0xbf:P1=255-0x07;P2=255-0X40;break; //7
 case 0x7f:P1=255-0x7F;P2=255-0X80;break; //8
 default: P1=0xF9;P2=255-0XFF;  //E
}
    while(P3_6)
 {if(! P3_6)
```

```
                {break;
                }
            }
          }
        }
      }
    }
```

4.3 电子密码锁的设计

4.3.1 电子密码锁的设计方案

在日常生活工作中，住宅与部门的安全防范、单位的文件档案、财务报表以及个人资料的保存多以加锁的办法来解决，若使用传统的机械式钥匙开锁，人们常需携带多把钥匙，使用极不方便，且钥匙丢失后安全性即大打折扣。随着科学技术的不断发展，人们对日常生活中的安全保险器件的要求越来越高，为满足人们对锁的使用要求，用密码代替钥匙的密码锁应运而生。密码锁具有安全性高、成本低、功耗低、易操作、记住密码即可开锁等优点。

电子密码锁是一种通过密码输入来控制机械开关的电子产品。在现实生活中，很多场合都用到电子密码锁，比如说门禁系统、银行账户管理、保险箱等。它的种类很多，有简易的电路产品，也有基于芯片的性价比较高的产品。本设计就是以单片机为核心的电子密码锁，它是通过编程来实现密码的修改及存储。其性能和安全性已大大超过了机械锁，主要特点如下：

(1) 保密性好，编码量多，远远大于弹子锁，随机开锁成功率几乎为零。

(2) 密码可变。用户可以经常更改密码，防止密码被盗，同时也可以避免因人员更替而使锁的密级下降。

(3) 误码输入保护。当输入密码多次错误时，报警系统自动启动。

密码锁的基本功能如下：

(1) 为防止密码被窃取，一般要求在输入密码时，屏幕上显示 * 号。

(2) 电子密码锁的开锁密码一般为六位。

(3) 能够在 LCD 上显示各种信息，如密码正确时显示 PASSWORD OK，密码错误时显示 PASSWORD ERROR，输入密码时显示 INPUT PASSWORD 等。

(4) 密码可以由用户自己修改设定，修改密码之前必须再次输入密码，在输入新密码时需要二次确认，以防止误操作。

以上只是基本功能，具体任务可以根据实际情况进行扩展和修改，本设计的具体功能见下一节。

4.3.2 密码锁的硬件设计

本密码锁是简易式设计，意在通过该设计方式对密码锁的实现进行完整说明，同学们在学习之后，可以很方便地在此基础上进行其他功能的扩展，整个系统可以完成以下功能：

(1) 在输入密码及修改密码时，LCD 屏幕上显示“＊”号，防止密码被窃取。

(2) 系统开机默认输入密码，此时 LCD 显示“Input password!”，操作者利用键盘输入密码后，需要按 OK 键确认，若正确，则 LCD 显示“correct!”，若输入错误密码时，显示“Wrong password!”。

(3) 当设置密码时，点击 SET 键后，LCD 屏幕显示“Old password In!”，操作者通过键盘输入原始密码后，按 OK 键，LCD 屏幕则显示“New password In! correct”。这时，输入新密码并按 OK 键后，LCD 屏幕则显示“Second Input!”。此时，再次输入新密码按 OK 键后，LCD 屏幕则显示“Input password! correct”，至此，密码锁即可以按照新密码接收正常输入。

(4) 密码最长可以是 16 位，且初始密码为 123456。

(5) 只有系统正常工作在门禁模式且没有输入密码的情况下才可以进行系统设置。

(6) 整个系统设有 13 个按键，分别为 0～9 数字键、确认(OK)键、取消(CANCEL)键、设置(SET)键。

(7) 在没有按 SET 键时，系统处于正常门禁状态，输入密码后按确认键，则比较密码，密码正确即打开门锁(用 LED 模拟)，否则提示错误。

(8) 若先按 SET 键，则进入密码修改模式，同时，要求输入当前密码，如密码正确，要求顺序输入 2 次新密码，若 2 次输入相同，则密码保存到 EEPROM。

(9) 每次密码输入错误时，系统要求重新输入，在此过程中可以按取消键，取消当前操作。

根据以上要求，设计密码锁的硬件设计框图如图 4-5 所示。

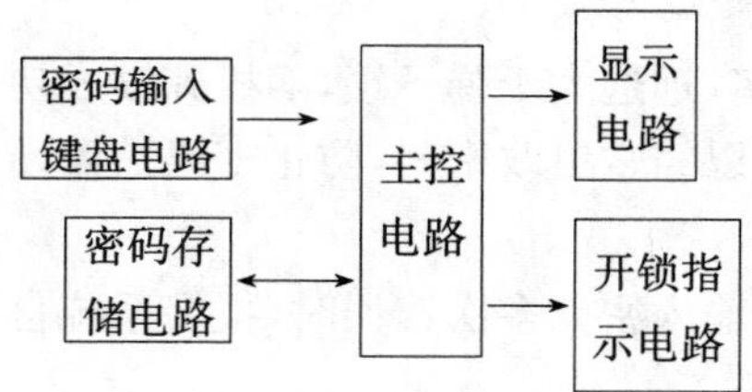

图 4-5　密码锁硬件设计框图

电路由两大部分组成：单片机及其外围电路构成的主控电路和密码锁电路。密码锁电路包含：矩阵键盘密码输入电路、开锁指示电路、操作过程提醒显示电路、AT24C02 掉电密码存储电路。其中，键盘密码输入电路用于密码输入以及控制命令输入，开锁指示电路用来指示模拟开锁动作，操作过程提醒显示电路用于提醒操作者输入密码、设置密码，显示密码正确或错误等信息，AT24C02 掉电密码存储电路用于存储密码。

系统依旧采用单片机 STC89C52 作为中心器件来完成控制任务。同时，设置 13 个按键，包括 0～9 数字键、确认(OK)键、取消(CANCEL)键、设置(SET)键，各个按键的作用在“功能”中已经说明。电路中的 LCD1602 用以显示各种提示信息。24C02 则用于存储密码，具体硬件电路如图 4-6 所示。

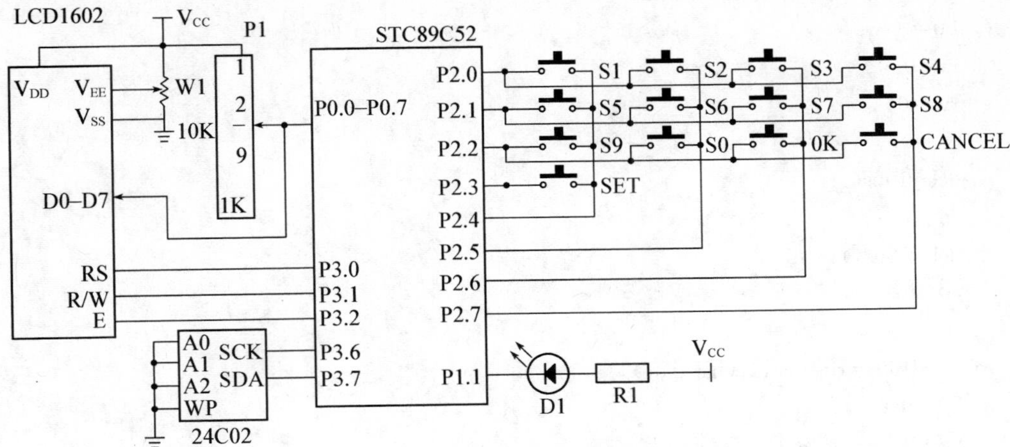

图 4-6　密码锁硬件电路设计

4.3.3　密码锁的软件设计

根据以上电路设计 C 语言参考程序如下：

```
#include <reg52.h>
#include "intrins.h"
#define uchar unsigned char
#define uint unsigned int
#define keyio P2 //键盘接口定义
//1602IO 口定义
sbit rs=P3^0;
sbit rw=P3^1;
sbit en=P3^2;
//24C02IO 口定义
sbit sda=P3^7;
sbit scl=P3^6;
//led IO 口定义
sbit led=P1^1;
sbit t0_out=P3^4;
void delay10us() //精确延时 10 μs
{   _nop_(); _nop_();_nop_();_nop_();_nop_();_nop_();
}
void delaynms(uint x) //延时 n ms
{uint a,b;
    for(a=x;a>0;a--)
        for(b=125;b>0;b--);
}
//1602 驱动程序
```

```
void Lcd1602write_com(uchar com)
{  P0=com;
   rs=0;
   rw=0;
   en=0;
   delay10us();
   en=1;
   delay10us();
   en=0;
}
void Lcd1602write_date(uchar date)
{  P0=date;
   rs=1;
   rw = 0;
   en=0;
   delay10us();
   en=1;
   delay10us();
   en=0;
}
//三个参数分别为行号,字符个数,字符串
void Lcd1602write_string(uchar line,uchar num,char str[])
{  uchar a;
   if(line==0)
     Lcd1602write_com(0x80);
   else
     Lcd1602write_com(0xc0);
   delaynms(1);
   for(a=0;a<num;a ++)
   {Lcd1602write_date(str[a]);
   delaynms(1);
   }
}
void Lcd1602init()
{  rw=0;
   Lcd1602write_com(0×38);//功能设置,8数据接口,2行,5×7点阵
   delaynms(1);
   Lcd1602write_com(0x0f);//设置显示、光标、闪烁为开
   delaynms(1);
   Lcd1602write_com(0x06);//设置读写操作后地址自动+1,画面不动
   delaynms(1);
   Lcd1602write_com(0x01);//清屏
```

```
    delaynms(1);
}
//键盘扫描程序,扫描结果是输出键号
uchar keyscan(void)
{   uchar kcode,temp;
    kcode=0xff;//没有键按下
        keyio=0xfe;
        temp=keyio;
        temp=temp&0xf0;
        while(temp!=0xf0)
            {   delaynms(5);
                temp=keyio;
                temp=temp&0xf0;
                while(temp!=0xf0)
                {temp=keyio;
                switch(temp)
                    {case 0xee:kcode=0;
                        break;
                     case 0xde:kcode=1;
                        break;
                     case 0xbe:kcode=2;
                        break;
                     case 0x7e:kcode=3;
                        break;
                    }
                while(temp!=0xf0)
                    {temp=keyio;
                        temp=temp&0xf0;
                    }
                }
            }
        keyio=0xfd;
        temp=keyio;
        temp=temp&0xf0;
        while(temp!=0xf0)
            {   delaynms(5);
                temp=keyio;
                temp=temp&0xf0;
                while(temp!=0xf0)
                {temp=keyio;
                switch(temp)
                    {case 0xed:kcode=4;
```

```
                    break;
                case 0xdd:kcode=5;
                    break;
                case 0xbd:kcode=6;
                    break;
                case 0x7d:kcode=7;
                    break;
                }
            while(temp! =0xf0)
                {temp=keyio;
                    temp=temp&0xf0;
                }
            }
        }
    keyio=0xfb;
    temp=keyio;
    temp=temp&0xf0;
    while(temp! =0xf0)
        {   delaynms(5);
            temp=keyio;
            temp=temp&0xf0;
            while(temp! =0xf0)
            {temp=keyio;
            switch(temp)
                {case 0xeb:kcode=8;
                    break;
                 case 0xdb:kcode=9;
                    break;
                 case 0xbb:kcode=10;
                    break;
                 case 0x7b:kcode=11;
                    break;
                }
            while(temp! =0xf0)
                {temp=keyio;
                    temp=temp&0xf0;
                }
            }
        }
    keyio=0xf7;
    temp=keyio;
    temp=temp&0xf0;
```

```
        while(temp! =0xf0)
            {   delaynms(5);
                temp=keyio;
                temp=temp&0xf0;
                while(temp! =0xf0)
                {temp=keyio;
                switch(temp)
                    {case 0xe7:kcode=12;
                        break;
                     case 0xd7:kcode=13;
                        break;
                     case 0xb7:kcode=14;
                        break;
                     case 0x77:kcode=15;
                        break;
                    }
                while(temp! =0xf0)
                    {temp=keyio;
                        temp=temp&0xf0;
                    }
                }
            }
return kcode;
}
/////////24C02 读写驱动程序///////////////////
void flash() //延时几微秒
{  ;  ; }
void x24c02_init()  //24c02 初始化子程序
{scl=1; flash(); sda=1; flash();}
void start()            //启动 I2C 总线
{sda=1; flash(); scl=1; flash(); sda=0; flash(); scl=0; flash();}
void stop()             //停止 I2C 总线
{sda=0; flash(); scl=1; flash(); sda=1; flash();}
void writex(unsigned char j)     //写一个字节
{   unsigned char i,temp;
    temp=j;
    for (i=0;i<8;i ++)
    {temp=temp<<1; scl=0; flash(); sda=CY; flash(); scl=1; flash();}
    scl=0; flash(); sda=1; flash();
}
unsigned char readx()      //读一个字节
{unsigned char i,j,k=0;
```

```
    scl=0;flash();sda=1;
    for (i=0;i<8;i ++)
    {flash();scl=1;flash();
         if(sda==1) j=1;
         else j=0;
         k=(k<<1)|j;
         scl=0;}
     flash();return(k);
}
void clock()            //I2C 总线时钟
{unsigned char i=0;
     scl=1;flash();
     while((sda==1)&&(i<255))i ++;
     scl=0;flash();
}
////////从 24c02 的地址 address 中读取一个字节数据/////
unsigned char x24c02_read(unsigned char address)
{    unsigned char i;
     start(); writex(0xa0);
     clock(); writex(address);
     clock(); start();
     writex(0xa1); clock();
     i=readx(); stop();
     delaynms(10);
     return(i);
}
//////向 24c02 的 address 地址中写入一个字节数据 info/////
void x24c02_write(unsigned char address,unsigned char info)
{    EA=0;
    start(); writex(0xa0);
    clock(); writex(address);
    clock(); writex(info);
    clock(); stop();
    EA=1;
    delaynms(50);
}
  bit PasswordCMP(uchar p1[],uchar p2[])//密码比较函数,相等返回 1,否则返回 0
  {uchar i;
  if((p1[0]==p2[0])&&(p1[0]<=16))
  {   for(i=1;i<=p1[0];i ++)
      {   if(p1[i]! =p2[i]) return 0;
      }
```

```
      if(i>p1[0])
        return 1;
      else return 0;//可以不写
    }
    else return 0;
    }
    //定时器 0 中断服务程序,定时 50 ms,50 ms 一到,输出一个脉冲
      void T0IntSev() interrupt 1
      {TL0=(65536-50000)%256;//12MHz 晶振,重写定时 50ms 的初值
       TH0=(65536-50000)/256;//
       t0_out=0; //输出脉冲
       t0_out=1;
      }
    void T1IntSev() interrupt 3
      {led=1;
      TR0=0;//停 T0
      Lcd1602write_string(1,16,"                ");
      }
  void main()
  {uchar ModifyStep;
  uchar CurrentPassWord[16]="";
  uchar OldPassWord[16]="";
  uchar i,j;
  P0=0XFF;
  P1=0XFF;
  P2=0XFF;
  P3=0XFF;
  Lcd1602init();
  x24c02_init();
  TMOD=0X61;//定时器 0,定时模式 1(16 位非自动重装模式);定时器 1,计数方式 2(8 位自动重
装计数)
  TL0=(65536-50000)%256;//12 MHz 晶振,定时 50 ms 的初值
  TH0=(65536-50000)/256;//
  TL1=256-100;//计数 100 次的初值,与 T0 配合实现定时 5 s,用于关闭锁具
  TH1=256-100;//
  EA=1;//开中断
  ET0=1;
  ET1=1;
  TR0=0;
  TR1=1;
  /*   //写初始密码 123456
  x24c02_write(2,6);
```

```
for(i=0;i<6;i ++)
x24c02_write(i+3,i+1);
 */
//读密码
j=x24c02_read(2);
OldPassWord[0] =j;
for(i=0;i<j;i ++)
OldPassWord[1+i]=x24c02_read(3+i);//+0x30;      //只为了测试,后期不用
Lcd1602write_string(0,16,"Input password! ");
while(1)
{j=keyscan();
if(j! =0xff)
{switch(j)
{case 0:case 1:case 2:case 3:case 4:case 5:\\
case 6:case 7:case 8:case 9:
  CurrentPassWord[0]++;
  if(CurrentPassWord[0]<=16)     //最多输入16个密码
    CurrentPassWord[CurrentPassWord[0]]=(j+1)%10;//键号0-9对应密码数字1-9,0
  else
    CurrentPassWord[0]=16;
    //显示密码字符*
    Lcd1602write_string(1,16,"                    ");
    Lcd1602write_string(1,CurrentPassWord[0],"****************");
  break;
case 10:
  switch(ModifyStep)
    {case 0:
    if(PasswordCMP(OldPassWord,CurrentPassWord))
    {   Lcd1602write_string(1,16,"     correct!      ");
        led=0;//打开锁具
        TR0=1; //  启动定时器,延时一段时间关闭锁具
        }
    else
    { Lcd1602write_string(1,16,"Wrong password! ");
      led=1;//锁具保持关闭
    }
    break;
  case 1:
  if(PasswordCMP(OldPassWord,CurrentPassWord))
    {  Lcd1602write_string(1,16,"     correct!      ");
      ModifyStep=2;//进入输入新密码状态
        Lcd1602write_string(0,16,"New password In!");
```

```
        }
      else
      { Lcd1602write_string(1,16,"Wrong password! ");
      }
      break;
    case 2:
      for(i=0;i<=CurrentPassWord[0];i ++)
      OldPassWord[i]=CurrentPassWord[i];
      Lcd1602write_string(0,16,"Second input !    ");
      ModifyStep=3;//进入第二次输入新密码状态
      break;
    case 3:
      if(PasswordCMP(OldPassWord,CurrentPassWord))
      {
//向 24c02 中写入修改后的密码
        x24c02_write(2,CurrentPassWord[0]);
        for(i=0;i<CurrentPassWord[0];i ++)
        x24c02_write(i+3,CurrentPassWord[i+1]);
      Lcd1602write_string(1,16,"     correct!      ");
      ModifyStep=0;//进入输入密码状态
      Lcd1602write_string(0,16,"Input password! ");
      }
    else
    { Lcd1602write_string(1,16,"Different,Re In!");
      ModifyStep=2;//重新进入输入新密码状态
      Lcd1602write_string(0,16,"New password In!");
    }
    break;
    }
    CurrentPassWord[0]=0; //为下次输入密码做准备
    break;
  case 11:
  Lcd1602write_string(1,16,"                ");
  if(CurrentPassWord[0]==0)
    {ModifyStep=0;
    //从 24c02 中读未被修改的密码
    j=x24c02_read(2);
    OldPassWord[0] =j;
    for(i=0;i<j;i ++)
    OldPassWord[1+i]=x24c02_read(3+i);
    }
  else
```

```
CurrentPassWord[0]=0;
    switch(ModifyStep)
    {case 0:
    Lcd1602write_string(0,16,"Input password! ");
    break;
    case 1:
    Lcd1602write_string(0,16,"Old password In!");
    break;
    case 2:
    Lcd1602write_string(0,16,"New password In!");
    break;
    case 3:
    Lcd1602write_string(0,16,"Second input !  ");
    break;
    }
break;
case 12:
//系统正常工作在门禁模式且没有输入密码的情况下才可进行系统设置
if(ModifyStep==0&&CurrentPassWord[0]==0)
{ModifyStep=1; //进入输入原始密码状态
//显示请输入原密码字样
//清空密码字符*
Lcd1602write_string(0,16,"Old password In!");
Lcd1602write_string(1,16,"                ");
}
break;
}
    }
}
}
```

说明:"/* //写初始密码 123456;x24c02_write(2,6);for(i=0;i<6;i++);x24c02_write(i+3,i+1); */"这段程序是用于给 24C02 写入初始密码,初始密码为 123456,只要写一次就可以了,所以在使用过程中,可以先加上这段程序,然后运行并下载整个程序,初始密码就被写入到存储器中,然后,操作者就可以根据操作过程自行修改密码,只要是在程序运行期间,都按照新密码来工作,在以后重新启动该程序工作时,为了防止这段程序继续将初始密码设置为 123456,可以将该段程序注释掉,再重新下载运行程序,以后系统即会一直按照用户设定的新的密码工作。

4.4 计算器的设计

4.4.1 计算器的设计方案

计算器是人们日常生活中比较常见的电子产品之一，一般由运算器、控制器、存储器、键盘、显示器、电源等组成。其中，键盘是计算器的输入部件，显示器是计算器的输出部件，除了显示计算结果，还常有溢出指示、错误指示等。低档计算器的运算器、控制器由数字逻辑电路来实现简单的串行运算，其随机存储器只有一两个单元，供累加存储用。高档计算器则由微处理器和只读存储器实现各种复杂的运算程序，有较多的随机存储单元存放输入程序和数据。

计算器的基本设计要求如下：

➢加法：一般要求能够计算四位数以内的加法。

➢减法：一般要求能计算四位数以内的减法。

➢乘法：一般要求能够计算两位数以内的乘法。

➢除法：一般要求能够计算两位数以内的除法。

➢有清零功能，能随时对运算结果和数字输入进行清零。

以上只是基本功能，具体任务可以根据实际情况进行扩展和修改，本设计的具体功能见下一节。

4.4.2 计算器的硬件设计

本计算器是简易式设计，意在通过该设计方式对计算器的实现进行完整说明，同学们在学习之后，可以很方便地在此基础上进行其他功能的扩展，整个系统可以完成以下功能：

(1) 该系统设计的计算器可以进行四则运算，支持带两位小数的加、减、乘、除混合运算，并采用 LCD 显示数据和结果。

(2) 系统共设置 18 个按键，分别为数字键：0～9，小数点(.)，符号键：＋、－、*、/、＝、清零键(C)、退格键(B)，其中，清零键(C)用以将之前的运算结果清零，从而为下次运算做准备，退格键(B)用以删除光标前面的数字信息。

(3) 液晶显示电路使用两行显示，其中，第一行显示标题“calculator”或低优先级的“＋”、“－”的运算中间结果，第二行显示高优先级的“*”、“/”运算的结果和最终的运算结果。

(4) 在运算过程中，如先出现加减运算，后又进行乘除运算，则前面的加减运算结果显示在第一行，第二行进行后续的乘除运算。

(5) 如之后遇到加减运算，则得到的总结果还是使用第二行显示，除此以外，只是用第二行显示运算过程。

(6) 执行过程：开机初始界面显示“calculator”标题，并等待输入，当键盘输入数据及运算符，会出现在第二行，当点击“＝”，则结果出现在本行。在此结果之上还可以继续输入运算符，在原有的结果之上进行接下来的计算。在计算结束后，需要点击清零键(C)，才可以进行下一次运算，若输入过程出错，可以点击退格键(B)将其清除。

根据以上要求，设计计算器的硬件设计框图，如图 4-7 所示。

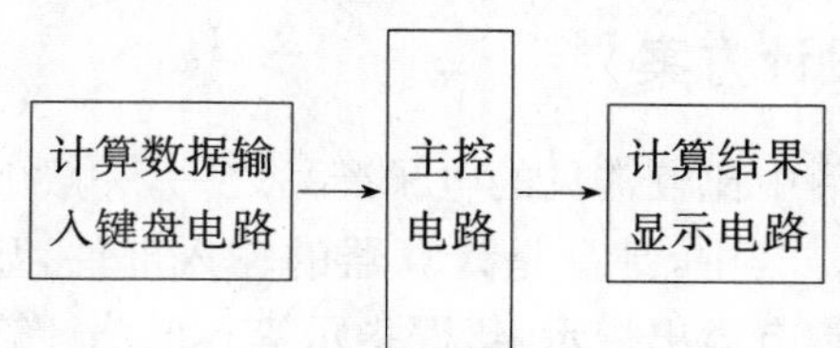

图 4-7　计算器硬件设计框图

系统依旧采用单片机 STC89C52 作为中心器件来完成对计算器的控制任务。同时，设置 18 个按键，分别为数字键：0～9，小数点(.)，符号键：＋、－、＊、/、＝、清零键(C)、退格键(B)，并设置一个 LCD1602 液晶显示器，用以显示计算结果。具体硬件电路如图 4-8所示。

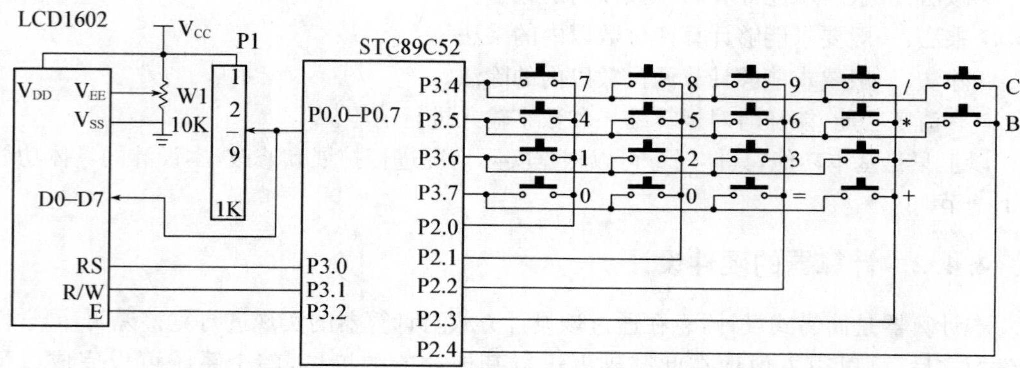

图 4-8　计算器硬件电路设计

4.4.3　密码锁的软件设计

根据以上电路设计 C 语言参考程序如下：

```
#include <reg52.h>
#include "intrins.h"
#include "stdio.h"
#include "string.h"
#define uchar unsigned char
#define uint unsigned int
#define keyin P2   //键盘接口读码 5 位,P2.0－P2.4
#define keyout P3  //键盘接口扫描 4,P3.4－P3.7
//1602IO 口定义
sbit rs=P3^0;
sbit rw=P3^1;
sbit en=P3^2;
```

```
void delay10us()   //精确延时 10 μs
{_nop_(); _nop_();_nop_();_nop_();_nop_();_nop_();
}
void delaynms(uint x)   //延时 n ms
{uint a,b;
    for(a=x;a>0;a--)
        for(b=125;b>0;b--);
}
//1602 驱动程序
void Lcd1602write_com(uchar com)
{   P0=com;
    rs=0;
    rw = 0;
    en=0;
    delay10us();
    en=1;
    delay10us();
    en=0;
}
void Lcd1602write_date(uchar date)
{   P0=date;
    rs=1;
    rw = 0;
    en=0;
    delay10us();
    en=1;
    delay10us();
    en=0;
}
//参数中包括行号、字符个数、字符串
void Lcd1602write_string(uchar line,uchar clo,uchar num,char str[])
{   uchar a;
     if(line==0)
       Lcd1602write_com(0x80+clo);
     else
       Lcd1602write_com(0xc0+clo);
    delaynms(1);
    for(a=0;a<num;a++)
    {Lcd1602write_date(str[a]);
    delaynms(1);
    }
}
```

```
void Lcd1602init()
{   rw=0;
    Lcd1602write_com(0x38);  //功能设置,8 数据口,2 行,5×7 点阵
    delaynms(1);
    Lcd1602write_com(0x0c);  //设置显示开、光标闪烁为关
    delaynms(1);
    Lcd1602write_com(0x06);  //设置读写操作后地址自动+1,画面不动
    delaynms(1);
    Lcd1602write_com(0x01);  //清屏
    delaynms(1);
}
//键盘扫描程序,扫描结果是输出键号
uchar keyscan(void)
{   uchar kcode,temp;
    kcode=0xff;  //没有键按下
            keyout=0xe0;
            temp=keyin;
            temp=temp&0x1f;
            while(temp! =0x1f)
                {   delaynms(5);
                    temp=keyin;
                    temp=temp&0x1f;
                    while(temp! =0x1f)
                    {   temp=keyin;
                        temp=temp&0x1f;
                    switch(temp)
                        {   case 0x1e:kcode=7;
                                break;
                            case 0x1d:kcode=8;
                                break;
                            case 0x1b:kcode=9;
                                break;
                            case 0x17:kcode=12;
                                break;
                            case 0x0f:kcode=16;
                                break;
                        }
                    while(temp! =0x1f)
                        {   temp=keyin;
                            temp=temp&0x1f;
                        }
                    }
```

```
    }
keyout=0xd0;
temp=keyin;
temp=temp&0x1f;
while(temp! =0x1f)
    {   delaynms(5);
        temp=keyin;
        temp=temp&0x1f;
        while(temp! =0x1f)
        {   temp=keyin;
            temp=temp&0x1f;
        switch(temp)
            {   case 0x1e:kcode=4;
                    break;
                case 0x1d:kcode=5;
                    break;
                case 0x1b:kcode=6;
                    break;
                case 0x17:kcode=13;
                    break;
                case 0x0f:kcode=17;
                    break;
            }
        while(temp! =0x1f)
            {   temp=keyin;
                temp=temp&0x1f;
            }
        }
    }
keyout=0xb0;
temp=keyin;
temp=temp&0x1f;
while(temp! =0x1f)
    {   delaynms(5);
        temp=keyin;
        temp=temp&0x1f;
        while(temp! =0x1f)
        {   temp=keyin;
            temp=temp&0x1f;
        switch(temp)
            {   case 0x1e:kcode=1;
                    break;
```

```
                    case 0x1d:kcode=2;
                        break;
                    case 0x1b:kcode=3;
                        break;
                    case 0x17:kcode=14;
                        break;
                }
            while(temp! =0x1f)
                {    temp=keyin;
                     temp=temp&0x1f;
                }
            }
        }
    keyout=0x70;
    temp=keyin;
    temp=temp&0x1f;
    while(temp! =0x1f)
        {    delaynms(5);
             temp=keyin;
             temp=temp&0x1f;
             while(temp! =0x1f)
             {    temp=keyin;
                  temp=temp&0x1f;
             switch(temp)
                {    case 0x1e:kcode=10;
                         break;
                     case 0x1d:kcode=0;
                         break;
                     case 0x1b:kcode=11;
                         break;
                     case 0x17:kcode=15;
                         break;
                }
             while(temp! =0x1f)
                {    temp=keyin;
                     temp=temp&0x1f;
                }
             }
        }
return kcode;
}
void main()
```

```
{uchar keycode;
//OldData 低优先级运算结果,LastData 前一运算结果,Current 当前数
float OldData=0,LastData=0,CurrentData=0,temp=0;
char PointNum=0,i,j;
  //InputFlag=0 当前输入的是整数,  InputFlag=1 当前输入的是小数
uchar   OldOperator=0,LastOperator=0,CurrentOperator=0,InputFlag=0;char str[17];
P0=0XFF;
P1=0XFF;
P2=0XFF;
P3=0XFF;
Lcd1602init();
EA=0;  //关中断
Lcd1602write_string(0,0,16,"    calculator    ");
while(1)
{keycode=keyscan();
if(keycode! =0xff)
{switch(keycode)
{///////////////按数字键/////////////////////////
 case 0: case 1: case 2: case 3: case 4: case 5: case 6: case 7: case 8: case 9:
 {if(CurrentData==0)  //清显示区域显示内容
  Lcd1602write_string(1,0,16,"                ");
 if(InputFlag==0)
 {CurrentData=CurrentData*10+keycode;
  }
 else
 {temp=keycode;
 PointNum++;
 if(PointNum<3)  //小数限制在2位内
 {i=PointNum;
  do{
  temp/=10;
  }
  while((--i)! =0);
  CurrentData=CurrentData+temp;
 }
 else
 PointNum--;  //保持小数点位数为2
 }
 //显示
 if(InputFlag==0)
 sprintf(str,"%.0f",CurrentData);
 else if(PointNum==0)
```

```
        sprintf(str,"%.0f.",CurrentData);
      else if(PointNum==1)
        sprintf(str,"%.1f",CurrentData);
      else
         sprintf(str,"%.2f",CurrentData);
   j=strlen(str);
   Lcd1602write_string(1,16-j,j,str);
   break;
   }
   case 10: //按小数点键 ////////////////////////////////
    {if(InputFlag==0)
     {InputFlag=1;  //开始输入小数
     PointNum=0;  //
     }
   //显示
 sprintf(str,"%.0f.",CurrentData);
 j=strlen(str);
  Lcd1602write_string(1,16-j,j,str);
  break;
  }
  case 11:  //按=键/////////////////////////////////////////
  {Lcd1602write_string(0,0,16,"   calculator   ");
  //计算结果
 if(CurrentData! =0)
 {if(LastOperator=='+')  //只有加减运算
  CurrentData+=LastData;
  else
   if(LastOperator=='-')  //只有加减运算
    CurrentData=LastData- CurrentData;
     else
       if(LastOperator=='/')
        {if(OldOperator==0)  //只有乘除运算
         CurrentData=LastData/CurrentData;
         else if (OldOperator=='+')  //加减混合运算
              CurrentData=OldData+LastData/CurrentData;
              else    if (OldOperator=='-')  //加减混合运算
                      CurrentData=OldData-LastData/CurrentData;
        }
      else if(LastOperator=='*')
      { if(OldOperator==0)  //只有乘除运算
        CurrentData=LastData*CurrentData;
        else if (OldOperator=='+')  //加减混合运算
```

```
            CurrentData=OldData+LastData * CurrentData;
            else    if (OldOperator=='-')  //加减混合运算
                  CurrentData=OldData-LastData * CurrentData;
        }
    }
    else  //没有输入新数据的情况下按=键
    {if(LastOperator=='+'||LastOperator=='-')  //只有加减运算
    CurrentData=LastData;
    else
      if(LastOperator=='/'||LastOperator=='*')
       {if(OldOperator==0)  //只有乘除运算
        CurrentData=LastData;
        else if (OldOperator=='+')  //加减混合运算
            CurrentData=OldData+LastData;
            else    if (OldOperator=='-')  //加减混合运算
                  CurrentData=OldData-LastData;
        }
      }
  //显示
  if(CurrentData==(long)CurrentData)
  {sprintf(str,"%.0f",CurrentData);
  InputFlag=0;  //开始输入整数
  }
  else
  {sprintf(str,"%.2f",CurrentData);
  InputFlag=1;  //开始输入小数
  PointNum=2;  //
  }
  j=strlen(str);
  Lcd1602write_string(1,0,16,"                ");
  Lcd1602write_string(1,16-j,j,str);
  OldOperator=0;
  LastOperator=0;
  CurrentOperator=0;
  OldData=0;
  LastData=0;
  break;
  }
  case 12: //按/键 ////////////////////////////////////////
   {InputFlag=0;   PointNum=0;
   if(CurrentData!=0&&(LastOperator=='+'||LastOperator=='-'))  //输入完数据后按
更高优先级别的运算符
```

```
{OldData=LastData;
LastData=CurrentData;
OldOperator=LastOperator;
Lcd1602write_string(0,0,16,"                ");
sprintf(str,"%.2f %c",OldData,OldOperator);
j=strlen(str);
Lcd1602write_string(0,16-j,j,str);
}
else  if(LastOperator=='*')  //前面为同优先级的运算
      {LastData*=CurrentData;
      }
        else  if(LastOperator=='/')  //前面为同优先级的运算
              {LastData/=CurrentData;
              }
              else if(LastOperator==0)  //前面无运算
                {LastData=CurrentData;
                }
LastOperator='/';  //在没有输入新数据时反复按符号键
Lcd1602write_string(1,0,16,"                ");
sprintf(str,"%.2f %c",LastData,LastOperator);
j=strlen(str);
Lcd1602write_string(1,16-j,j,str);
CurrentData=0;
break;
}
case 13://按*键///////////////////////////////
{InputFlag=0;PointNum=0;  //
if(CurrentData!=0&&(LastOperator=='+'||LastOperator=='-'))  //输入完数据后按更高优先级别的运算符
  {OldData=LastData;
  LastData=CurrentData;
  CurrentData=0;
  OldOperator=LastOperator;
  Lcd1602write_string(0,0,16,"                ");
  sprintf(str,"%.2f %c",OldData,OldOperator);
  j=strlen(str);
  Lcd1602write_string(0,16-j,j,str);
  }
  else  if(LastOperator=='*')///前面为同优先级的运算
        {LastData*=CurrentData;
        }
        else  if(LastOperator=='/')///前面为同优先级的运算
```

```
                    {LastData/=CurrentData;
                      }
                    else if(LastOperator==0)  //前面无运算
                      {LastData=CurrentData;
                      }
  LastOperator='*';  //在没有输入新数据时反复按符号键
  Lcd1602write_string(1,0,16,"                ");
  sprintf(str,"%.2f %c",LastData,LastOperator);
  j=strlen(str);
  Lcd1602write_string(1,16-j,j,str);
  CurrentData=0;
  break;
 }
 case 14://按一键//////////////////////
 {InputFlag=0; PointNum=0; //
 if(CurrentData! =0)  //输入完数据后按运算符
   { if(LastOperator=='+')  //前面为同优先级的运算
          {LastData+=CurrentData;
           }
           else  if(LastOperator=='-')  //前面为同优先级的运算
                 {LastData-=CurrentData;
                 }
                 else
                 if(LastOperator=='*')  //前面为高优先级的运算
                    {if(OldOperator=='+')     //前面先低优先级再高优先级的运算
                      LastData=OldData+LastData*CurrentData;
                     else if(OldOperator=='-')
                      LastData=OldData-LastData*CurrentData;
                      else if(OldOperator==0)  //前面无先低优先级再高优先级的运算
                        LastData=LastData*CurrentData;
                      }
                    else  if(LastOperator=='/')  //前面为高优先级的运算
                           {if(OldOperator=='+')
 LastData=OldData+LastData/CurrentData;
                           else if(OldOperator=='-')
 LastData=OldData-LastData/CurrentData;
                              else if(OldOperator==0)  //前面无先低优先级再高优先级的
运算
 LastData=LastData/CurrentData;
                           }else if(LastOperator==0)  //前面无运算
                          {LastData=CurrentData;
                          }
```

```
    }
    else if(OldOperator=='+')  //前面为高优先级的运算
        {LastData+=OldData;}
        else if(OldOperator=='-')  //前面为高优先级的运算
            {LastData=OldData-LastData;}
    LastOperator='-';  //在没有输入新数据时反复按符号键
    Lcd1602write_string(0,0,16,"    calculator    ");  //恢复第一行显示
    Lcd1602write_string(1,0,16,"                ");
    sprintf(str,"%.2f %c",LastData,LastOperator);
    j=strlen(str);
    Lcd1602write_string(1,16-j,j,str);
    CurrentData=0;
    OldData=0;
    OldOperator=0;
break;
}
case 15://按+键////////////////////////
{InputFlag=0; PointNum=0; //
if(CurrentData!=0)  //输入完数据后按运算符
    {if(LastOperator=='+')  //
            {LastData+=CurrentData;
            }
            else  if(LastOperator=='-')  //
                {LastData-=CurrentData;
                }
                else
                if(LastOperator=='*')  //
                    {if(OldOperator=='+')
                        LastData=OldData+LastData*CurrentData;
                      else if(OldOperator=='-')
                        LastData=OldData-LastData*CurrentData;
                          else if(OldOperator==0)  //前面无先低优先级再高优先级的运算
                          LastData=LastData*CurrentData;
                }
                else  if(LastOperator=='/')  //
                        {if(OldOperator=='+')
LastData=OldData+LastData/CurrentData;
                        else if(OldOperator=='-')
LastData=OldData-LastData/CurrentData;
                              else if(OldOperator==0)  //前面无先低优先级再高优先级的
                                                                  运算
                              LastData=LastData*CurrentData;
```

```
                    }
                    else if(LastOperator==0)  //
                    {LastData=CurrentData;
                    }
  }
  else if(OldOperator=='+')
      {LastData+=OldData;}
      else if(OldOperator=='-')
          {LastData=OldData-LastData;}
      LastOperator='+';  //在没有输入新数据时反复按符号键
    Lcd1602write_string(0,0,16,"   calculator   ");  //恢复第一行显示
      Lcd1602write_string(1,0,16,"                ");
      sprintf(str,"%.2f %c",LastData,LastOperator);
      j=strlen(str);
      Lcd1602write_string(1,16-j,j,str);
      CurrentData=0;
      OldData=0;
      OldOperator=0;
 break;
 }
 case 16:  //按"清零"键////////////////////
 {InputFlag=0;//开始输入整数/
 PointNum=0;
 CurrentData=0;
 OldData=0;
 LastData=0;
 OldOperator=0;
 LastOperator=0;
 CurrentOperator=0;
Lcd1602write_string(1,0,16,"                ");
 //显示
 sprintf(str,"%.0f",CurrentData);
 j=strlen(str);
 Lcd1602write_string(1,16-j,j,str);
 break;
 }
 case 17: //按"退格"键/////////////////////
 {if(CurrentData! =0)
 {if(InputFlag==0)
 {CurrentData=(long)(CurrentData/10);
  }
 else
```

```
{if(PointNum>0)  //小数限制在2位内
{PointNum--;
 i=PointNum;
 while(i! =0){
  CurrentData*=10;
  i--;
 }
 CurrentData=(long)CurrentData;
 i=PointNum;
  while(i! =0){
  CurrentData/=10;
  i--;
 }
  }
 else
 {InputFlag=0;
 PointNum=0;
 }
}
Lcd1602write_string(1,0,16,"                ");
//显示
if(InputFlag==0)
sprintf(str,"%.0f",CurrentData);
else if(PointNum==0)
     sprintf(str,"%.0f.",CurrentData);
   else if(PointNum==1)
     sprintf(str,"%.1f",CurrentData);
     else
      sprintf(str,"%.2f",CurrentData);
j=strlen(str);
Lcd1602write_string(1,16-j,j,str);
}
break;
}
}
  }
}
}
```

扫一扫可见本章习题及答案

1. 请分析交通灯的控制原理，并思考如何对其进行其他功能的扩展，比如，如何增加转向控制灯以及时间显示等。

2. 请分析交通灯的控制程序，并思考如何利用汇编语言实现其控制过程。

3. 请分析抢答器的控制原理，并思考如何对其进行其他功能的扩展，比如，如何增加选手得分显示以及限定抢答时间显示等。

4. 请分析抢答器的控制程序，并思考如何利用汇编语言实现其控制过程。

5. 请分析密码锁的控制原理，并思考如何对其进行其他功能的扩展，比如，如何增加密码等级控制以及语音提示操作等功能。

6. 请分析密码锁的控制程序，并思考如何利用汇编语言实现其控制过程。

7. 请分析计算器的控制原理，并思考如何对其进行其他功能的扩展，比如，如何增加错误指示以及其他复杂运算等功能。

8. 请分析计算器的控制程序，并思考如何利用汇编语言实现其控制过程。

第五章　系统开发与实战训练之应用系统开发

本章为系统开发与实战训练之应用系统开发，主要宗旨是给学生创造一个毕业设计开发的思路平台，所列各课题适合基于单片机的毕业设计任务，主要包括来电显示和语音自动播报系统以及语音万年历的开发任务，一般一个课题可以由 2 个同学完成，其中，一个同学负责软件设计，另一个同学负责硬件设计。在课题实现过程中，当用到本书之前未提及的其他器件或设备时，这里会重点介绍。在每一个部分的介绍中，首先简述了各个课题的功能要求、课题简介、课题设计的任务功能分配要求以及方案设计、硬件框图，然后具体介绍各个课题的硬件设计电路、软件设计方案。由于篇幅的原因，本章的软件设计只是给出软件流程，具体程序以光盘方式给出。通过对本章课题的设计过程的学习，可以使学生们进一步理解单片机设计方式，确保学生可以独立完成设计任务，从而为今后工作中的实际工程设计打下良好的基础。

5.1　来电显示及语音自动播报系统的开发

5.1.1　来电显示及语音自动播报系统的功能要求

一、课题简介

本设计课题主要是想帮助学生融会贯通各门课程知识的内容，设计开发一个来电显示及语音自动播报系统，该系统可以检测出电话的来电信号，将其来电的号码信息进行显示，同时用语音进行播报，从而满足了人们选择性接听电话的需求，提高了人们的自主性和工作效率，使得人机交流更加方便舒适，也改变了人们被动接电话的习惯，让被叫用户有更多的自主性。总之，这个课题可以使得电话控制更加人性化，具有一定的实用性，通过本课题的完成，可以帮助同学综合所学的知识，提高整体设计的能力。

在本设计中，要求由单片机来完成整个系统的控制。该课题适合由两个同学完成，设计条件是：实验环境下单片机仿真的软硬件以及与课题有关的国内外资料。要求负责硬件设计的同学对系统的可行性进行研究、论证；掌握 Protel 软件的使用；进行系统有关电路的设计；按照规定要求，撰写毕业论文；提供单片机开发系统调试电路以及相关技术资料。要求负责软件设计的同学对系统的可行性进行研究、论证；进行系统的软件设计；对系统的软件进行分部调试与仿真；按照规定要求，撰写毕业论文；提供单片机开发系统调试程序以及相关技术资料。

二、课题设计的任务功能分配要求

本设计课题实现的系统功能要求：

（1）整个系统能够检测出来电信号中的号码信息；

(2) 可以对来电的号码信息进行显示；

(3) 可以对来电的号码信息进行语音播报；

(4) 在本设计中，要求由单片机来完成整个系统的控制；

(5) 负责软件的同学主要负责软件程序的编写设计，包括流程图及具体程序的编写和调试；

(6) 负责硬件的同学设计出硬件电路，包括选择适当的元件及参数，利用 Protel 工具绘制出整个电路的详细图，完成硬件的连接及调试并规划整体。

5.1.2　来电显示及语音自动播报系统的设计方案

根据系统设计的要求和设计思路，确定了系统的总体方案设计框图，如图 5－1 所示：

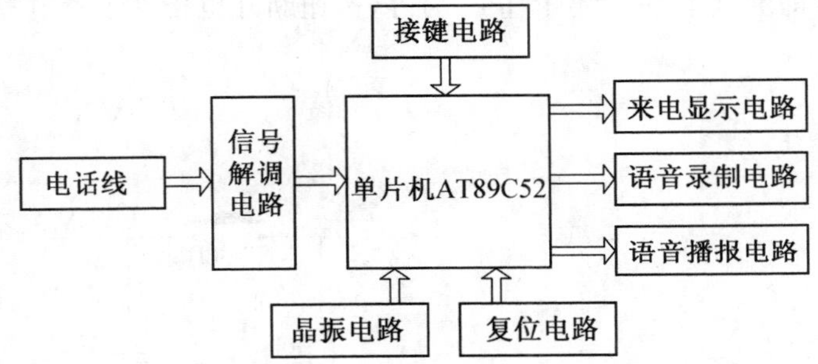

图 5－1　系统的硬件设计框图

以单片机 AT89C52 为控制核心，硬件电路主要由单片机、信号解调电路、来电显示、语音录制、语音播报、按键部分等组成。在工作过程中，使用 FSK 解调芯片 HT9032C 对电话线上的 FSK 信号进行解调，并将主叫方的来电号码转换为二进制码识别存储，再经过单片机的缓存处理，在 LCD 上显示号码并通过语音播报芯片自动播报出来。语音录制和播报电路用的语音芯片为 ISD2560，主要录制前导音“你的来电是”和 10 个阿拉伯数字(0～9)，并在有来电信息的时候进行播报。按键电路一共设置了四个按键，作用是控制录音过程中的段号。另外，晶振电路为单片机提供时钟信号，复位电路使单片机复位，使中央处理器 CPU 以及其他功能部件都处于一个确定的初始状态。

5.1.3　来电显示及语音自动播报系统的硬件设计

以单片机 AT89C52 为核心，通过信号解调、按键控制、语音录制及播报等模块相互协作，从而实现系统的各项功能。来电显示及语音自动播报系统硬件设计部分的主要任务是如何使解调芯片、语音芯片、显示芯片与单片机正确连接以及充分考虑软件的编程任务，最终实现各项功能。

根据以上的设计思路，系统的主要组成电路的具体硬件设计如下：

一、单片机主控电路选择

选择 AT89C52 作为系统的控制中心，该芯片是 51 系列单片机的一个型号，是一个低电压、高性能 CMOS 8 位单片机，片内含 8K bytes 的可反复擦写的 Flash 只读程序存储器(ROM)和 256 bytes 的随机存取数据存储器(RAM),兼容标准 MCS－51 指令系统。

二、晶振电路

AT89C52 在工作时需要时钟信号,本设计在其 18 脚(X1)与 19 脚(X2)之间接上晶振,为单片机提供 1 μs 的机械振荡周期,具体晶振电路如图 5－2 所示。图中的电容器起到稳定振荡频率、快速起振的作用,电容值一般为 20～50 pF。

三、复位电路

在 AT89C52 单片机振荡器运行时,当 RESET 引脚上保持到不少于 2 个机器周期的高电平输入信号时,复位过程即可完成。据此本设计采用上电复位和按键电平复位,具体复位电路如图 5－3 所示。在工作过程中,当按钮按下后,电容两端被短路,RESET 端电压上升为高电平,进入复位状态,后电源通过电阻 R1 对电容充电,RESET 端电压慢慢下降,降到一定程度即为低电平,复位停止。另外,按钮断开也相当于上电复位,作为自动复位电路使用。

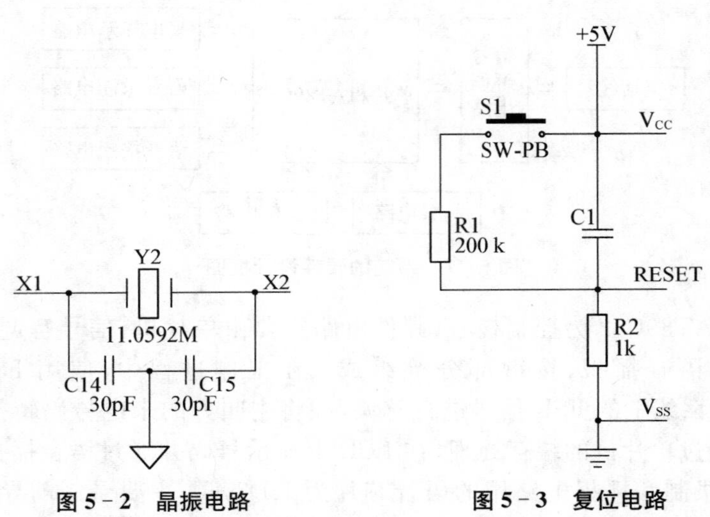

图 5－2　晶振电路　　**图 5－3　复位电路**

四、电话接口电路

电话接口电路包含了整流电路和信号解调两个部分,电话线里的交流信号经过整流电路后再送入 HT9032C 中进行信号解调。设计中的信号解调采用的是 Holtek 公司生产的 FSK 解码芯片 HT9032C。HT9032C 是接收物理层主叫识别信息的低功耗 CMOS 集成芯片。它满足 Bell 202 和 CCITTV. 231200b/sFSK 数据传输标准,能同时检测振铃和载波。

1. HT9032C 管脚及时序

HT9032C 管脚说明见表 5－1 所示。

表 5-1 HT9032C 管脚说明

名称	管脚号	类型	名称和功能
V_{SS}	8	I	接地端
V_{DD}	16	I	电源
PDWN	7	I	低电平时工作,高电平时进入睡眠模式
X1	10	I	晶振或陶瓷谐振器应连接到这个引脚和 X2
X2	9	O	晶振或陶瓷谐振器应连接到这个引脚和 X1
$\overline{\text{RTIME}}$	6	I	一个 RC 网络可以连接到这个引脚,用来保持振铃信号引脚的电压低于 2.2 V,这个引脚控制和激活内部电源部分电路,需要确定是否有效,或是不是来电铃声
TIP	1	I	该输入引脚连接到双绞线尖端的一面,当设备为启动模式,它使内部偏置到 1/2,该引脚必须与线隔离
RING	2	I	该输入引脚连接到双绞线尖端的一面,当设备为启动模式,它使内部偏置到 1/2,该引脚必须与线隔离
$\overline{\text{RDET}}$	12	O	该引脚输出低电平时表示当前正在振铃
$\overline{\text{CDET}}$	13	O	该引脚输出为低电平时,说明有来电信息输出,为高电平时则没有
DOUT	14	O	该数据流包括“1”和“0”的模式,识别标志和数据,在其他时间,此引脚都是高电平

HT9032C 的时序如图 5-4 所示。

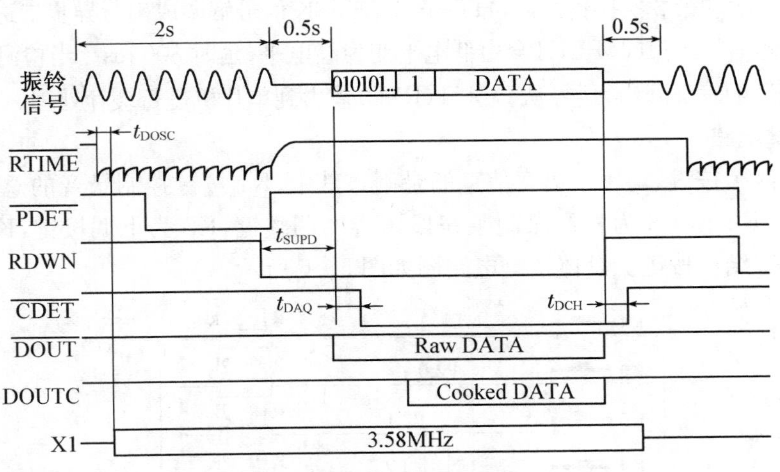

图 5-4 HT9032C 时序图

2. 电话接口电路连接图

根据 HT9032C 的工作特点,设计将电话线经整流电路接到 HT9032C 的 TIP、RING、RDET1、RDET2 引脚。具体电话接口电路连接如图 5-5 所示。

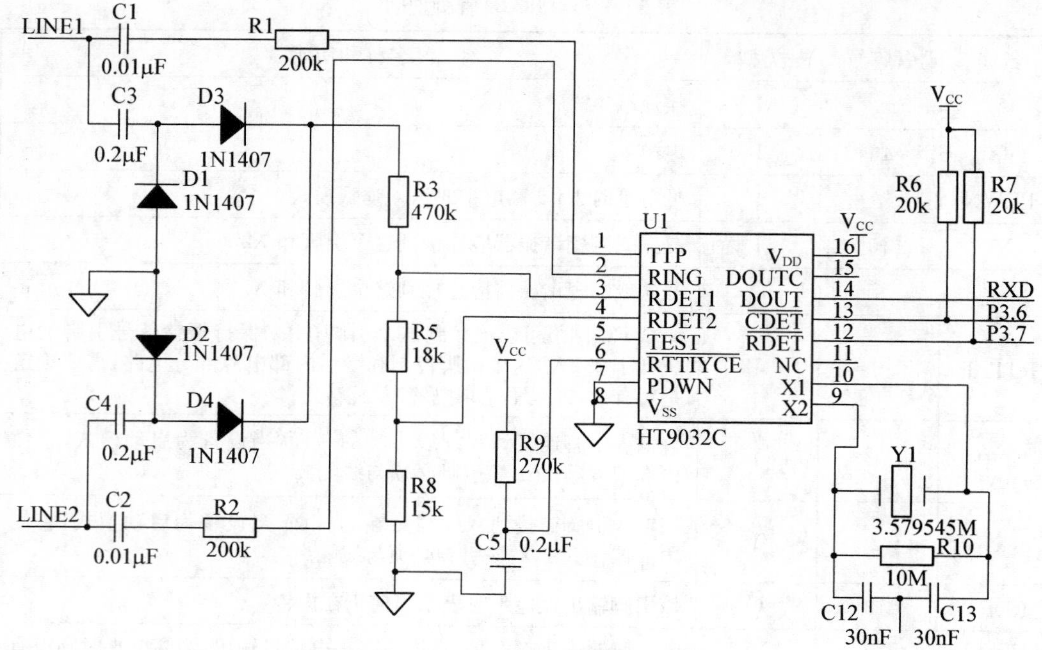

图 5－5　电话接口电路

图中，LINE1，LINE2 分别为电话线两端子，HT9032C 的 DOUT、$\overline{\mathrm{CDET}}$、$\overline{\mathrm{RDET}}$分别接单片机的 RXD、P3.6、P3.7。在工作过程中，当有振铃信号来时，HT9032C 的$\overline{\mathrm{RDET}}$脚触发下降沿。在第 1 次和第 2 次振铃之间，HT9032C 把 FSK 信号解调成串行异步二进制数据。第一次振铃检测信号结束时，$\overline{\mathrm{RDET}}$会由低电平变为高电平，延时 800 ms。当检测到有效载波信号时，$\overline{\mathrm{CDET}}$触发下降沿，信号从 DOUT(RXD)输出到单片机进行缓存处理。

五、按键电路

设置了四个按键，均用于语音信息的录制。其中，K1 按键控制录音的总开始和每段录音的开始，K2 和 K3 为控制录制某一段语音的调整键，K2 为下调按键，K3 是上调按键，K4 为录音结束按键。具体按键电路图如图 5－6 所示。

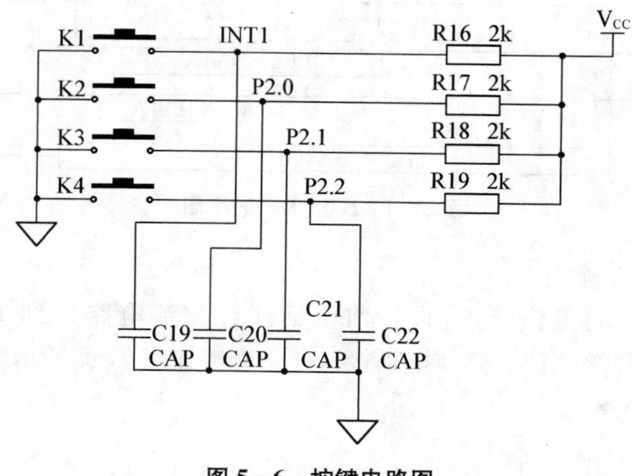

图 5－6　按键电路图

在图 5－6 中，K1 键接单片机的外部中断 INT1 端口，K2、K3、K4 分别连接着单片机的 P2.0、P2.1、P2.2 口。其中，K1 键是启动录音按键，在工作过程中，按下 K1 后会触发外部中断 1，设计中还增加了指示红灯(图略)，此时，红灯亮，同时屏幕显示“语音录制状态”，准备录制第 0 段(即前导音“来电话了你的来电是:”)，而段号 1 至 10 则录制数字 0 到 9 的语音。若需要调节段号，可以通过 K2 和 K3 来调节，如若不需要则再按下 K1 键进入当前段的录制，设计中还增加了指示绿灯(图略)，当绿灯亮时即可输入录制语音，绿灯灭后再次按下 K1 键，开始录制下一段的语音。当所有的语音都录制完后，可按 K4 键退出，即中断返回，具体录音过程见语音录制电路。

六、语音电路

语音电路采用了美国 ISD 公司生产的 ISD2500 系列芯片 ISD2560。

1. 语音芯片 ISD2560 主要特性及引脚说明

ISD2560 的最大特点在于片内有 EEPROM 容量为 480K 的存储空间，录放时间长，同时由于 EEPROM 可以电擦除，所以芯片可以随录随放，任意改写或删除，不需专用的语音固化开发系统进行编程和烧录。重复录音次数为 1 万次以上，录制的信息可以保存 1 年以上，断电后信息不会丢失。它有 10 个地址输入端，寻址能力可达 1024 位，最多能分 600 段。

ISD2560 主要引脚说明见表 5－2 所示。

表 5－2　ISD2560 引脚说明

名称	引脚号	类型	名称和功能
V_{CCA} V_{CCD}	16 28	I	电源：为了最大限度减小噪声，芯片内部的模拟和数字电路使用不同的电源总线，并且分别引到外封装上
V_{SSA} V_{SSD}	13 12	I	接地端
PD	24	I	节电控制(PD)：该端拉高可使芯片停止工作而进入节电状态。当芯片发生溢出即$\overline{OVF}$端输出低电平后，应将本端短暂变高以复位芯片
$\overline{CE}$	23	I	片选：该端变低且 PD 也为低电平时，允许进行录、放操作
P/$\overline{R}$	27	I	录放模式(P/$\overline{R}$)：该端状态一般在$\overline{CE}$的下降沿锁存。高电平选择放音，低电平选择录音。录音时，由地址端提供起始地址，直到录音持续到$\overline{CE}$或 PD 变高，或内存溢出，如果是前一种情况，芯片将自动在录音结束处写入 EOM 标志。放音时，由地址端提供起始地址，放音持续到 EOM 标志。如果$\overline{CE}$一直为低，或芯片工作在某些操作模式，放音则会忽略 EOM 而继续进行下去，直到发生溢出为止
EOM	25	I	信息结尾标志(EOM)：EOM 标志在录音时由芯片自动插入到该信息段的结尾。当放音遇到 EOM 时，该端输出低电平脉冲。另外，ISD2560 芯片内部会自动检测电源电压以维护信息的完整性，当电压低于 3.5 V 时，该端变低，此时芯片只能放音。在模式状态下，可用来驱动 LED，以指示芯片当前的工作状态

（续表）

名称	引脚号	类型	名称和功能
$\overline{OVF}$	22	O	溢出标志：芯片处于存储空间末尾时，该端输出低电平脉冲以表示溢出，之后该端状态跟随$\overline{CE}$端的状态，直到 PD 端变高。此外，该端还可用于级联多个语音芯片来延长放音时间
MIC	17	I	话筒输入(MIC)：该端连至片内前置放大器。片内自动增益控制电路(AGC)可将增益控制在－15～24 dB。外接话筒应通过串联电容耦合到该端，耦合电容值和该端的 10 kΩ 输入阻抗决定了芯片频带的低频截止点
MICREF	18	I	话筒参考(MICREF)：该端是前置放大器的反向输入。当以差分形式连接话筒时，可减小噪声，并提高共模抑制比
AGC	19	I	自动增益控制(AGC)：AGC 可动态调整前置增益以补偿话筒输入电平的宽幅变化，这样在录制变化很大的音量(从耳语到喧嚣声)时就能保持最小失真。响应时间取决于该端内置的 5 kΩ 电阻和从该端到 V_{SSA} 端所接电容的时间常数。释放时间则取决于该端外接的并联对地电容和电阻设定的时间常数，选用标称值分别为 470 kΩ 和 4.7 μF 的电阻、电容可以得到满意的效果
ANAOUT	21	O	模拟输出(ANAOUT)：前置放大器输出，其前置电压增益取决于 AGC 端电平
ANAIN	20	I	模拟输入(ANAIN)：该端为芯片录音信号输入。对话筒输入来说，ANAOUT 端应通过外接电容连至该端，该电容和本端的 3 kΩ 输入阻抗决定了芯片频带的附加低端截止频率，其他音源可通过交流耦合直接连至该端
SP＋ SP－	14 15	O	扬声器输出(SP＋、SP－)：可驱动 16Ω 以上的喇叭。单端输出时必须在输出端和喇叭间接耦合电容，而双端输出则不用电容就能将功率提高至 4 倍
AUXIN	11	I	辅助输入(AUXIN)：当$\overline{CE}$和 $P/\overline{R}$为高，不进行放音或处于放音溢出状态时该端的输入信号将通过内部功放驱动喇叭输出端。当多个 ISD2560 芯片级联时，后级的喇叭输出将通过该端连接到本级的输出放大器
XCLK	26	I	外部时钟(XCLK)：该端内部有下拉元件，不用时应接地
AX/MX	1－7	I	地址/模式输入(AX/MX)：地址端的作用取决于最高两位(MSB，即 A8 和 A9)的状态。当最高两位中有一个为 0 时，所有输入均作为当前录音或放音的起始地址。地址端只作输入，不输出操作过程中的内部地址信息。地址在$\overline{CE}$的下降沿锁存。当最高两位全为 1 时，A0～A6 可用于模式选择

2. 语音录制电路

语音录制电路如图 5－7 所示。ISD2560 内 480K 的 EEPROM 最多能分为 600 个信息段，它的采样频率是 8 k，总的时间是 60 s，则每个信息段的时间为 100 ms。本设计将前 209 小段分成 12 个大段，地址 0～49 用来录制前导音，时间为 5 s，地址 50～209 用来录制 10 个阿拉伯数字(0～9)，每 16 个小段一个数字，时间是 1.6 s。利用该时间长度作为一个段地址，通过单片机定时器的计时平行地映射信息段的地址，从而得到每段录音的起始地址。

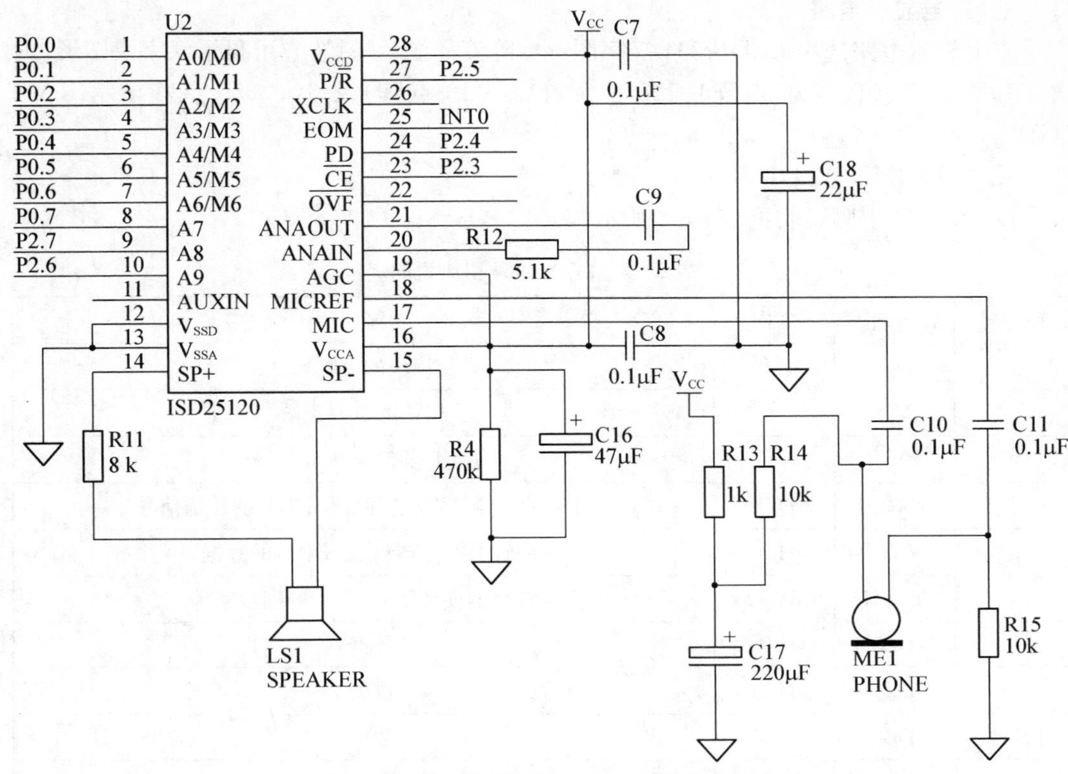

图 5-7　语音芯片 ISD2560 与单片机的连接图

录音时，单片机通过 P2.5 和 P2.4 引脚控制 ISD2560 的 $P/\overline{R}$引脚和 PD 引脚为低电平有效信号，此时单片机通过 P0 口赋地址（一般从 0 地址开始）给 A0～A9。当单片机 AT89C52 通过 P2.3 口给 $\overline{CE}$ 端负脉冲时即启动录音，并启动单片机的定时器开始计时，每到一个信息段的时间，就给地址计数加 1，当单片机停止控制 ISD260 录音时，同时停止定时器计时，此时地址计数器的值即为该段语音的末地址，加 1 即为下一段语音的首地址，接下来，通过单片机将该地址赋给 A0～A9，即可录制下一段语音。定时录音时间到时表示录音结束，单片机控制 PD 端变为高电平即停止，当 $P/\overline{R}$也变为高电平时就转回放音模式。

3. 语音播报电路

语音播报电路如图 5-7 所示。ISD2560 的 $P/\overline{R}$为高电平时表示开始放音，PD 端为低电平时 CPU 赋地址给 A0～A9，$\overline{CE}$ 端有负脉冲时启动放音。当该语言播放完毕时，EOM 变为低电平触发外部中断 0，通知单片机放音结束可以进行下一段语音的播放。这里不用同时保存各语音段的起始地址和结束地址，因为各个段是相邻的，前一段的末地址加 1 就是本段的起始地址，且每个语音段的结尾均有 EOM 标志，并可发出中断。放音只要利用它和保存在 EEPROM 中各语音段的起始地址即可按任意顺序组合各个语音段。

七、来电显示电路

来电显示电路选用 LCD12864 汉字图形点阵液晶显示模块，它可显示汉字及图形，内置 8 192 个汉字（16×16 点阵）、128 个字符（8×16 点阵）及 64×256 点阵显示 RAM (GDRAM)。

1. LCD12864 引脚

LCD12864 引脚说明见表 5－3 所示。

表 5－3　LCD12864 引脚说明

管脚号	管脚名称	方向	功能说明
1	V_{SS}	—	模块的电源地
2	V_{DD}	—	模块的电源正端
3	V_0	—	LCD 驱动电压输入端
4	RS(CS)	H/L	并行的指令/数据选择信号；串行的片选信号
5	R/W(SID)	H/L	并行的读写选择信号；串行的数据口
6	E(CLK)	H/L	并行的使能信号；串行的同步时钟
7	DB0	H/L	数据 0
8	DB1	H/L	数据 1
9	DB2	H/L	数据 2
10	DB3	H/L	数据 3
11	DB4	H/L	数据 4
12	DB5	H/L	数据 5
13	DB6	H/L	数据 6
14	DB7	H/L	数据 7
15	LED_A	—	背光源正极(LED5V)备：19，20 脚可以互换
16	LED_K	—	背光源负极(LED　OV)

2. LCD 与单片机的接口电路

LCD12864 与单片机的连接如图 5－8 所示。其中，LCD 的数据口 DB0～DB7 与单片机的 P1 口连接，RS 端是指令和数据的选择端，由单片机通过 P3.1 口控制，当高电平时为数据选择端，反之则为指令选择端。R/W 端和 E 端分别与单片机 P3.4 端、P3.5 端相连，R/W 为读写控制端，高电平时为读指令，低电平时为写指令，E 为使能端，负脉冲使能有效。设计 LCD 各行显示如下：

第一行从 LCD 的 82H 处开始显示，主要用于语音录制时录制状态的显示；第二行显示“你的来电是：”（因为一个汉字为两字节，该段话字节数为 12 个）；第三行用来显示具体来电号码。

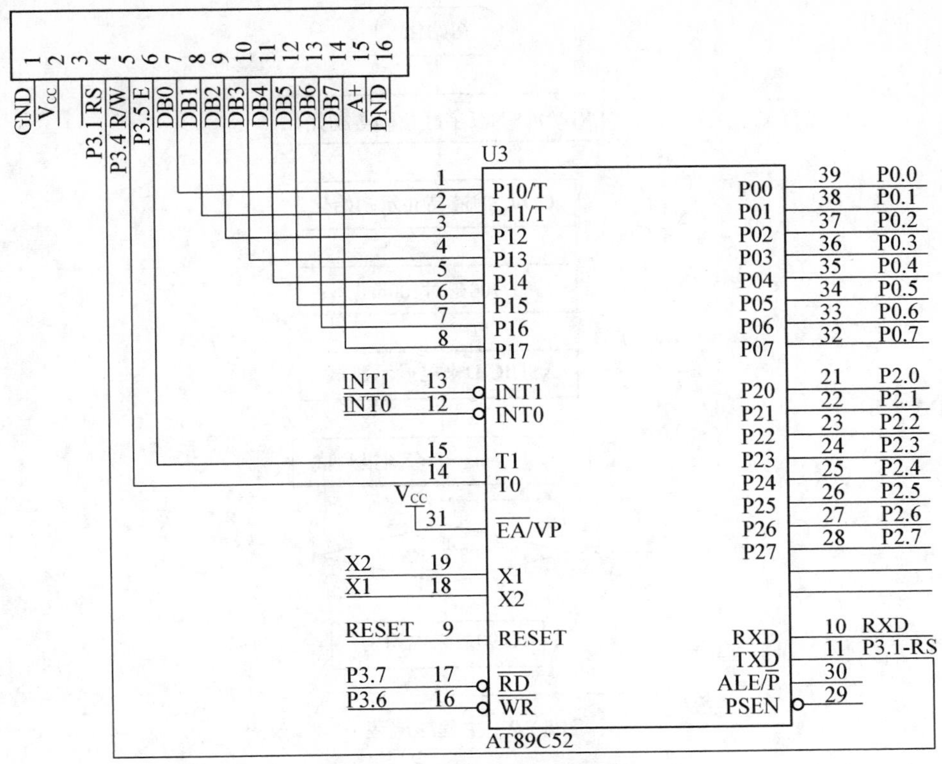

图 5-8 LCD12864 与单片机的连接图

5.1.4 来电显示及语音自动播报系统的软件设计

整个来电显示及语音自动播报系统软件部分采用模块化设计，包括主程序模块、来电号码采集模块、来电显示模块、语音录制模块、语音播报模块等。接下来，介绍其中几个主要程序模块的设计流程（由于篇幅关系，这里具体程序略）。

一、主程序设计

主程序设计流程如图 5-9 所示。

程序一开始即初始化，首先设定中断程序的入口地址，其次是设定堆栈的栈底地址，然后通过 XIANCUN 子程序对部分数据进行初始化，通过 LCD-CSH 子程序对液晶显示屏进行初始化，延时 100 ms 后，通过 XSHICID 子程序和 CIDvoiceplay 子程序进行显示及语音播报的测试，接下来，检测单片机的 P3.7 口（在硬件电路中，单片机 AT89C52 的引脚 P3.7 与解码芯片 HT9032C 的引脚 $\overline{RDET}$ 相连，当有振铃信号来时，引脚 $\overline{RDET}$ 会有触发下降沿），当确定 P3.7＝0（即有振铃信号来）时，则调用 HT9032C 子程序对来电进行识别并显示和播报来电信息。

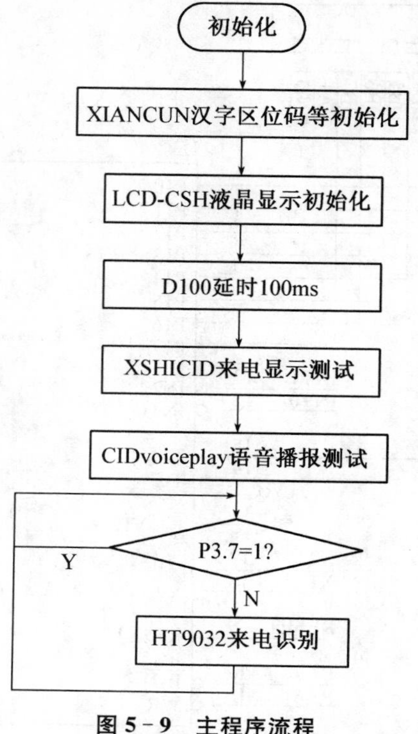

图 5－9　主程序流程

二、XIANCUN 子程序设计

XIANCUN 子程序流程如图 5－10 所示，这一部分主要进行"准备"、"正在"、"结束"、"录制"、"语音"、"播报"、"您的来电是："等汉字区位码的初始化以及主被叫状态、通话状态、电话号码长度、电话号码初值的初始化。

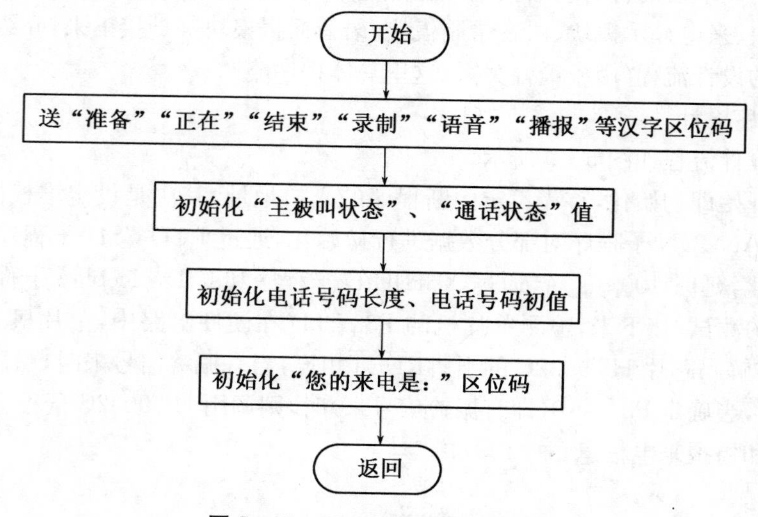

图 5－10　XIANCUN 子程序流程

三、LCD-CSH 子程序设计

LCD-CSH 子程序流程如图 5－11 所示，该子程序用于 LCD 的初始化程序，包括显示参数及方式，并调用显示子程序 WRI。

其中，所涉及的 WRI 子程序的流程如图 5－12 所示，该子程序为液晶 LCD 写命令子程序。流程图中涉及的 P3.1 与 LCD 的指令/数据选择端 RS 连接，低电平为指令选择端，高电平为数据选择端；P3.4 与 LCD 的读/写选择端 R/W 连接，低电平为写指令，高电平为读指令；P3.5 与 LCD 的使能端 E 连接，负脉冲有效。

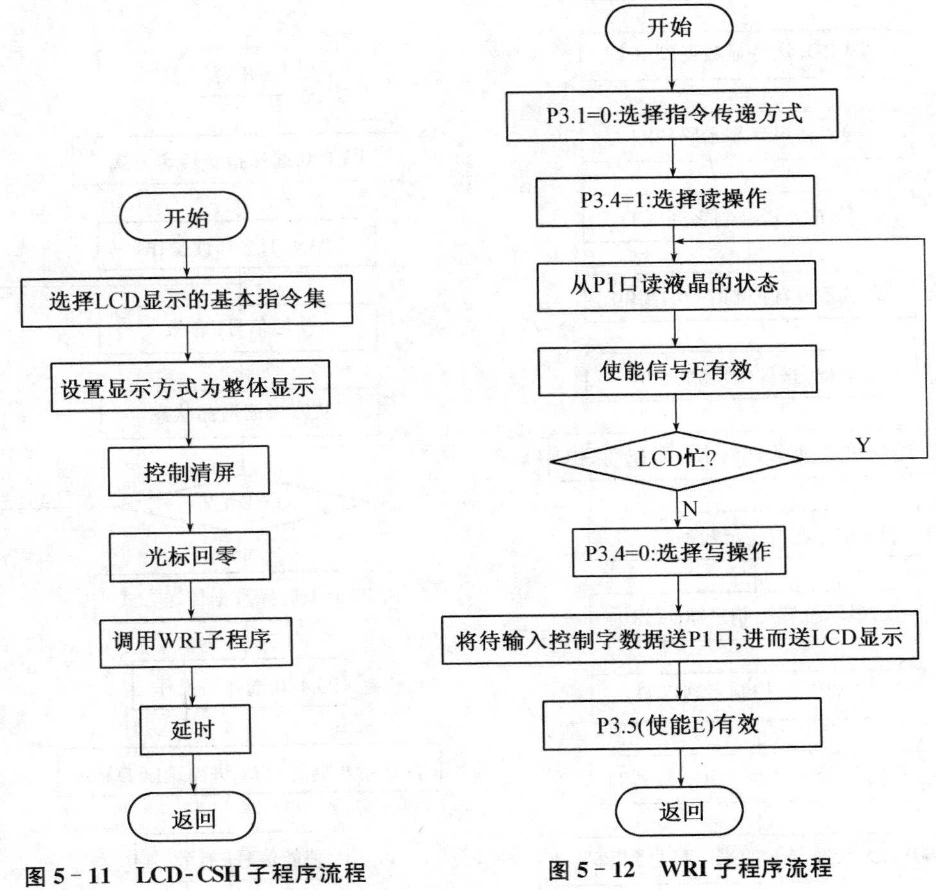

图 5－11　LCD-CSH 子程序流程　　图 5－12　WRI 子程序流程

四、XSHICID 子程序设计

XSHICID 子程序流程如图 5－13 所示，该子程序主要用于控制 LCD 显示位置及显示内容。其中，各行显示位置为：82H 为第一行第三个字符，90H 为第二行第一个字符，88H 为第三行第一个字符。

其中，所涉及的 WRD 子程序流程如图 5－14 所示，为液晶 LCD 写数据子程序。

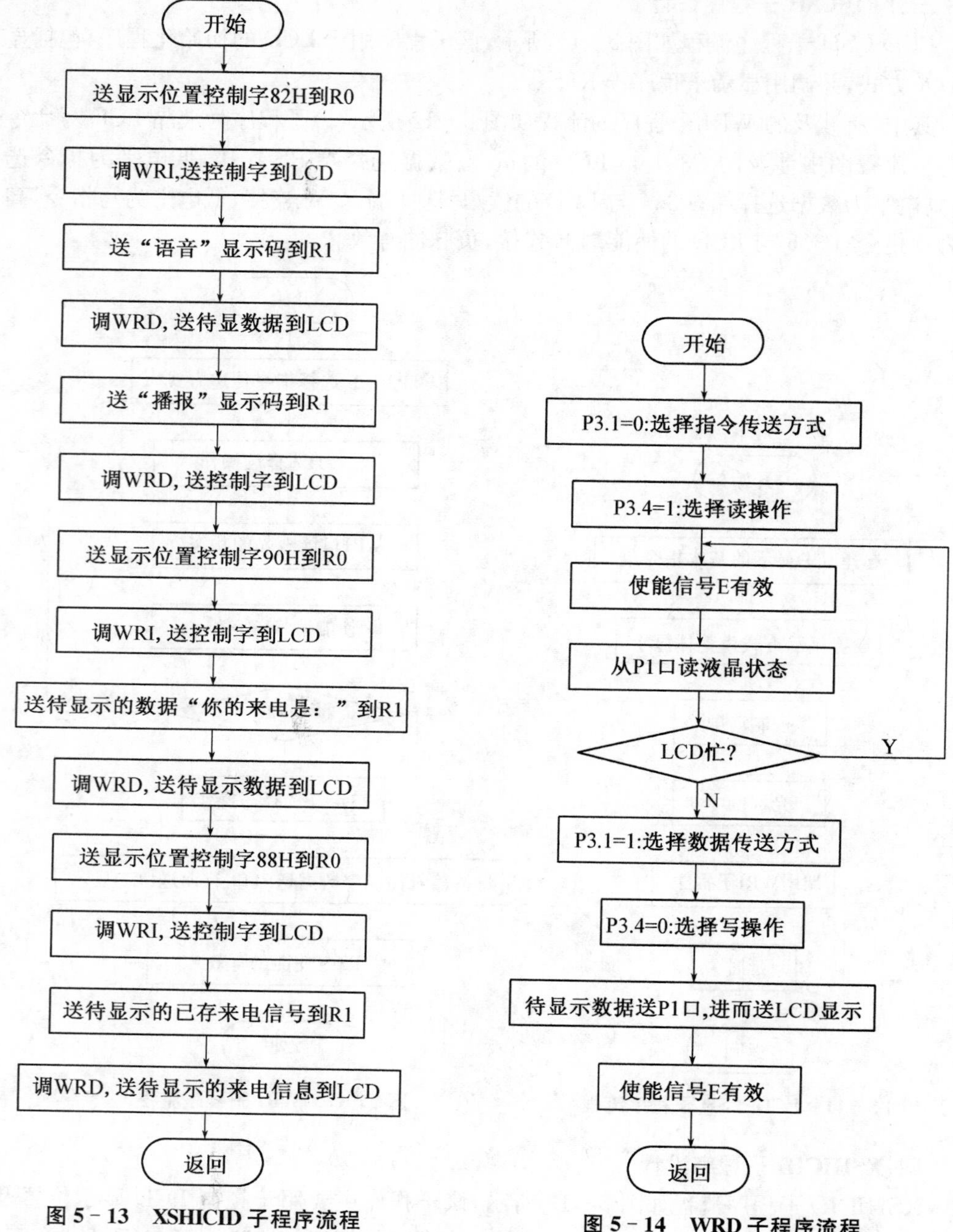

图 5－13　XSHICID 子程序流程　　**图 5－14　WRD 子程序流程**

五、HT9032C 子程序设计

HT9032C 子程序流程如图 5－15 所示，该子程序完成对来电信息的判定和采集，并调用显示子程序 XSHICID 和语音播报子程序 CIDvoiceplay 对来电信息进行显示和语音播报。

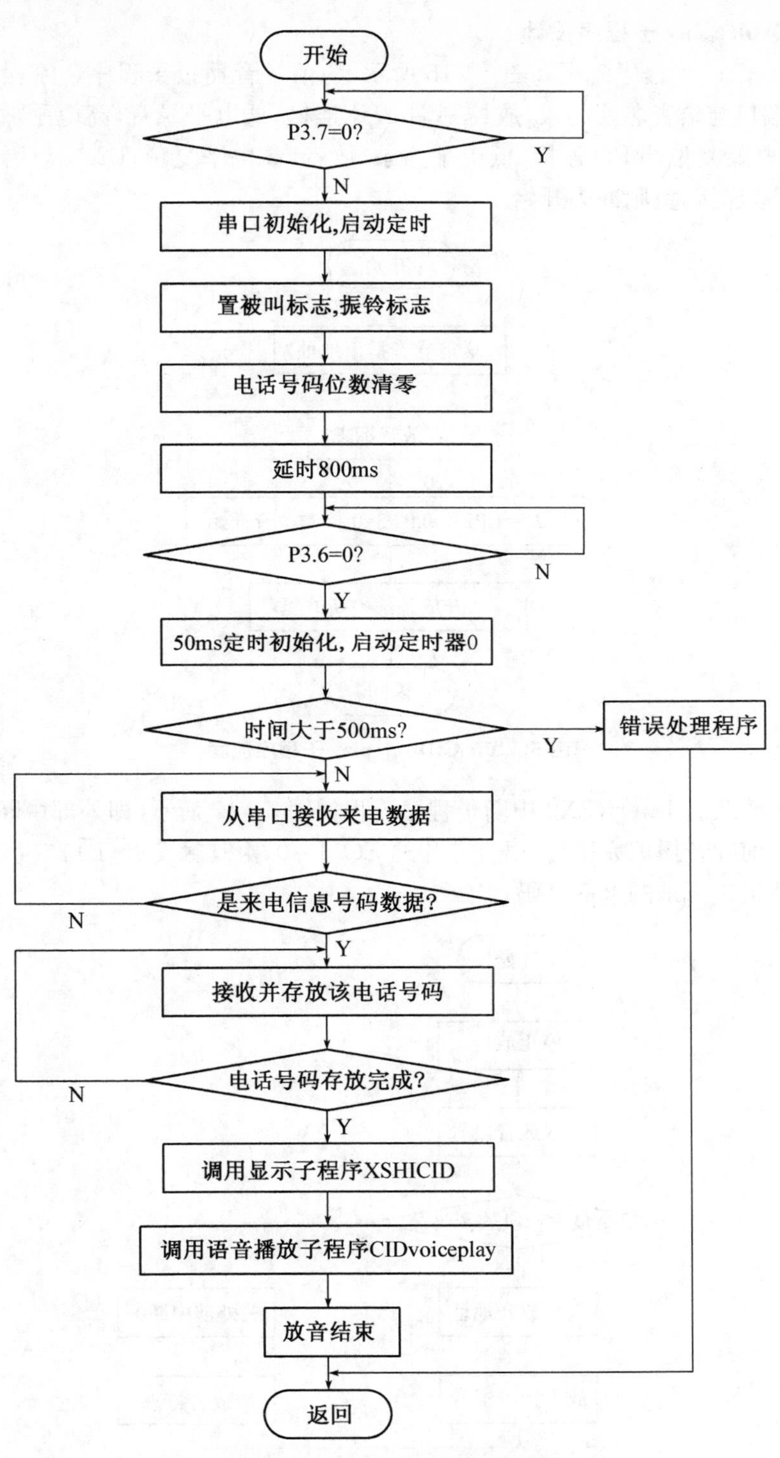

图 5-15　HT9032C 子程序流程

六、CIDvoiceplay 子程序设计

CIDvoiceplay 子程序流程如图 5－16 所示，为前导音播报子程序。流程中涉及的单片机 P2.5 端口与语音芯片的录/放控制端 P/R 连接，低电平录音，高电平放音；P2.4 与语音芯片的开始复位端 PD 连接，低电平为录/放音，高电平复位；P2.3 与语音芯片的开始/暂停端$\overline{CE}$ 连接，负脉冲为开始。

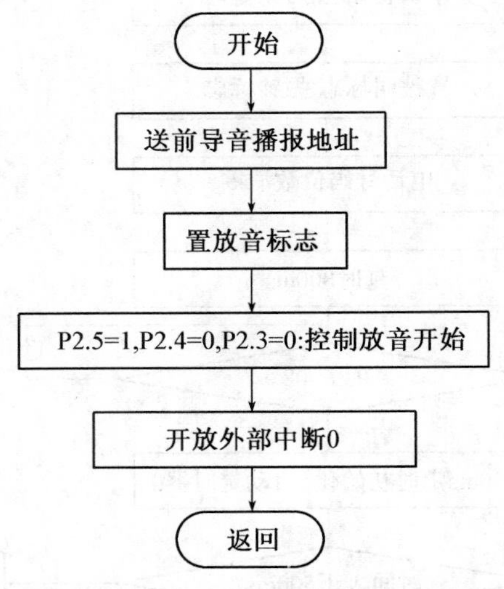

图 5－16　CIDvoiceplay 子程序流程

其中，所涉及的 InterREX0 中断子程序流程如图 5－17 所示，即外部中断 0(INT0 中断)子程序。前导音播放完毕后，语音芯片的 EOM＝0，由其触发$\overline{INT0}$ 产生外部中断，在该程序下，播报接下来的电话号码。

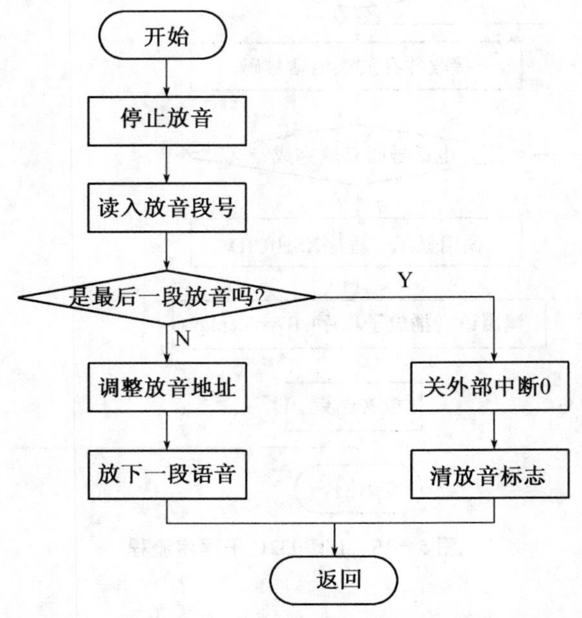

图 5－17　InterREX0(外部中断 0)中断子程序流程

七、InterREX1(外部中断 1)中断子程序设计

InterREX1 中断子程序流程如图 5 - 18 所示，即 INT1 中断子程序。单片机引脚 $\overline{\text{INT1}}$ 接 K1 键，当 K1 按下，则 INT1 有效，执行外部中断 1 程序，在该程序中启动录音。此时程序判断 K1 是否再次按下，若按下，则录制当前段，若没按，则判断 K2、K3 键是否按下，若按 K2，则段号加 1，若按 K3，则段号减 1，以此来调整段号，若 K4 按下，则表明录音过程结束，程序转入语音播报测试状态，用以检测录音效果。另外，在 InterREX1 中断子程序(录音过程)中，利用软件实现了对各个按键的抖消。

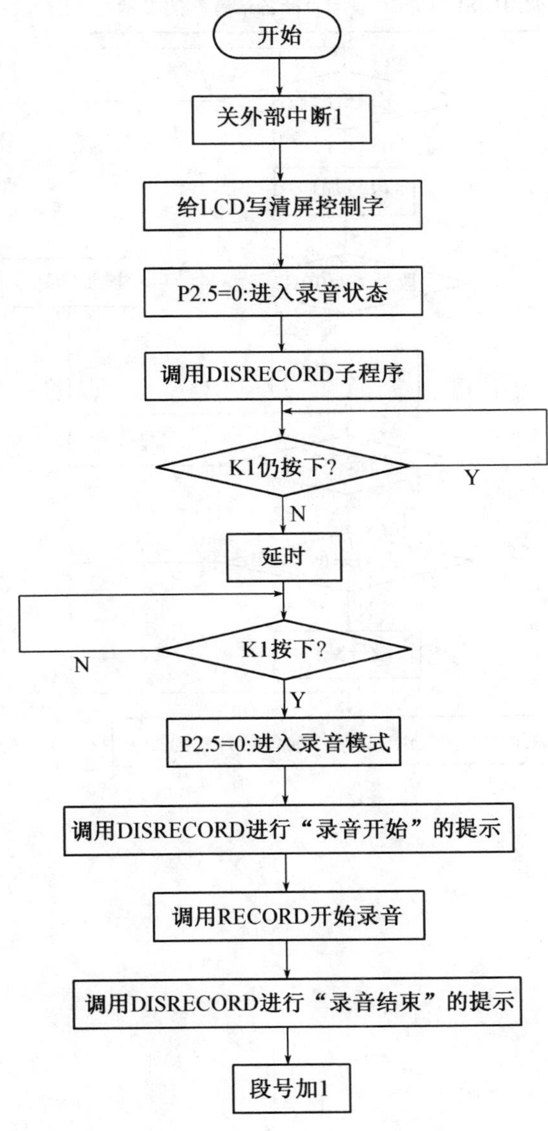

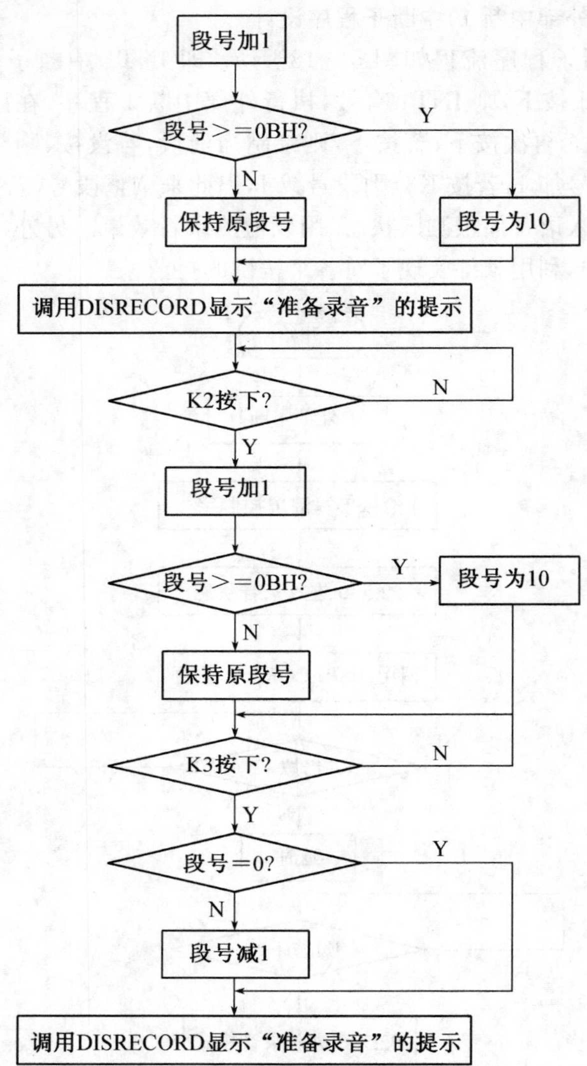
段号加1
段号>=0BH?
Y
N
保持原段号
段号为10
调用DISRECORD显示“准备录音”的提示
K2按下?
N
Y
段号加1
段号>=0BH?
Y
段号为10
N
保持原段号
K3按下?
N
Y
段号=0?
Y
N
段号减1
调用DISRECORD显示“准备录音”的提示

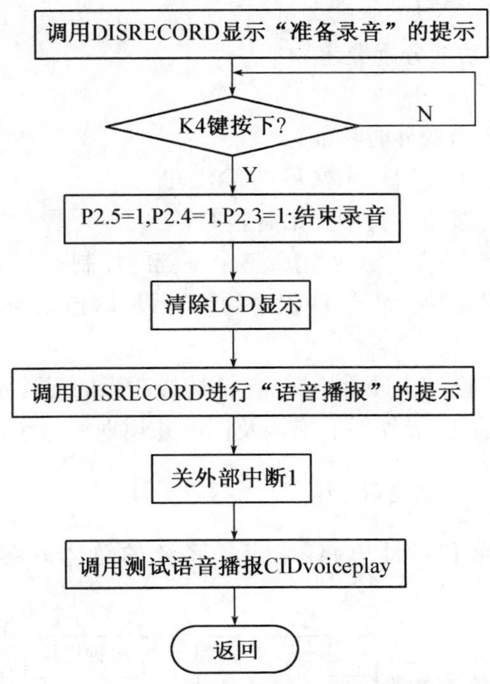

图 5-18 InterREX1(外部中断 1)中断子程序流程

其中,所涉及的 DISRECORD 子程序主要用于显示录音过程的各种提示信息,如“语音录制准备录制第 n 段”、“语音录制正在录制第 n 段”等,除此以外为语音播报;RECORD 子程序为录音过程子程序,主要用于录音过程中段号的调整以及控制每段录音的时间长度。基于篇幅,这两个程序的流程略。

5.2 语音万年历的开发

5.2.1 语音万年历的功能要求

一、课题简介

该课题主要是帮助学生融会贯通各门课程知识,设计开发一个语音式盲人万年历,可由液晶同时显示月、日、中文星期等时间,不会发出声响,不影响人们睡眠,同时只要轻轻一按报时键,即可播报时间,非常适合盲人这个特殊的群体。另外,这种便利性也非常适合生活节奏非常快的忙碌的年轻人及老人与孩子,可以给生活带来很大方便,所以课题具有一定的实用性,且涉及多门课程,可以帮助同学综合所学的知识,提高整体设计的能力,全面锻炼学生的实践能力和创新能力。课题来源于生产实践,具有很强的实战性,制作出的系统需实践检验,可以实现综合训练。要求学生能够查阅相关的文献资料,撰写开题报告并完成外文资料翻译;正确理解系统的工作原理;进行系统的可行性研究、论证;熟悉相关科研设备和工具;掌握 Protel 软件的使用;按要求设计出整个系统的硬件电子电路,完成硬件电路调试,并协助软件调试共同完成整个系统的软硬件联调,完成原理图及 PCB

板的绘制；按照规定要求，撰写毕业论文。

二、课题设计的任务功能分配要求

本设计课题实现的系统功能要求：

(1) 系统可实现万年历的计时功能；

(2) 可由液晶同时显示月、日、中文星期等时间；

(3) 可通过控制报时按钮进行中文语音报时；

(4) 在本设计中，要求由单片机来完成整个系统的控制；

(5) 负责软件的同学主要负责软件程序的编写设计，包括流程图及具体程序的编写及调试；

(6) 负责硬件的同学设计出硬件电路，包括选择适当的元件及参数、利用 Protel 工具绘制出整个电路的详细图、完成硬件的连接及调试并规划整体。

5.2.2 语音万年历的设计方案

根据系统设计的要求和设计思路，确定了系统的总体方案设计框图，如图 5-19 所示。

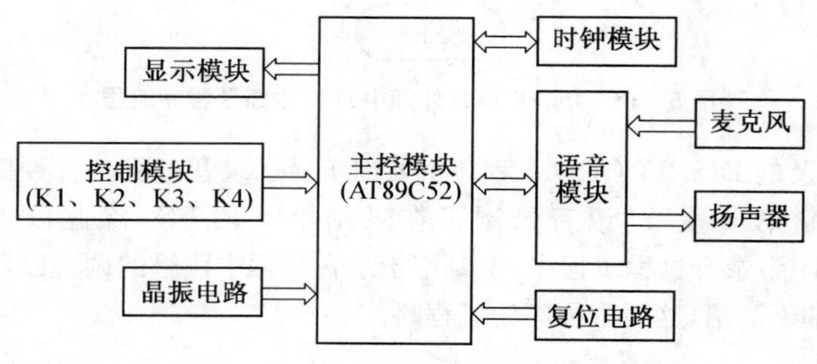

图 5-19 系统框图

系统的五个模块分别为：① 主控模块(主要由 AT89C52 单片机构成，其中包括外围电路的复位、晶振电路)；② 时钟模块(DS12887 实时计时时钟)；③ 显示模块(ZYMG12864 点阵液晶显示屏)；④ 语音模块(ISD2560 语音芯片，外围电路包括麦克风和扬声器)；⑤ 控制模块(主要为 K1、K2、K3、K4 四个按键构成的系统调节电路)。其中，主控模块作为系统的控制中心，协调系统各部分有序工作；时钟模块用于精确计时，为显示、播报提供准确无误的计时时间；显示模块用于显示时钟的即时时间；语音模块用于播报计时时钟的当前时间；控制模块用于调整时钟时间以及触发时间语音播报。

5.2.3 语音万年历的硬件设计

一、主控模块设计

选择单片机型号为 AT89C52，设计其电路连接，如图 5-20 所示。

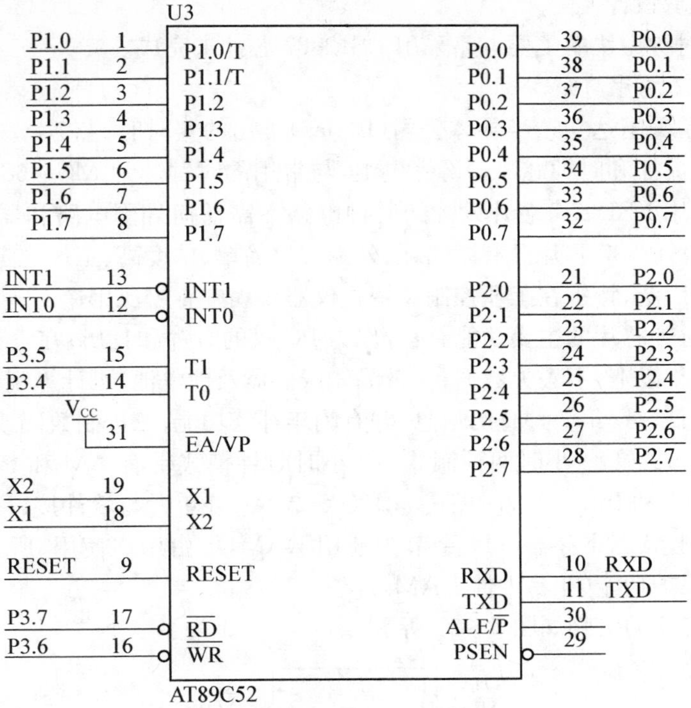

图 5-20　单片机主控模块电路

在图 5-20 中,单片机的主要控制引脚接法如下:

P0 端口与语音芯片 ISD2560 的地址/数据复用总线连接,作为单片机与语音芯片 ISD2560 传递信息的通道;P1 口与液晶显示屏 ZYMG12864 的地址/数据复用总线 DB 连接,作为单片机向显示屏写入数据的通道;P2.0 与液晶显示屏 ZYMG12864 的 RS(寄存器选择)端连接;P2.1 与 ZYMG12864 的 R/$\overline{W}$(读写控制)端连接,控制 ZYMG12864 工作在读出或者写入两种状态;P2.2 与 ZYMG12864 的 E(使能)端连接,控制 ZYMG12864 芯片是否可操作,且 P2.0、P2.1、P2.2 也分别与按键 K2、K3、K4 连接,作为三个按键的信号输入端口;P2.3 与 ISD2560 的$\overline{CE}$(片选)端连接,控制 ISD2560 芯片是否工作;P2.4 与 ISD2560 的 PD(节电控制)端连接;P2.5 与 ISD2560 的 P/$\overline{R}$(放录控制)端连接,控制 ISD2560 工作在录音或者播音状态;P2.6 作为 K1 键的输入端口;P2.7 与语音芯片 ISD2560 的 A8 端连接,判断 ISD2560 输入数据的类型为地址还是数值;P3.4 作为 DS12887 的数据输出端,与 DS 引脚连接;P3.5 与 DS12887 的 R/$\overline{W}$(控制读写)端连接,控制 DS12887 的读写;P3.6 与 DS12887 的 AS(地址锁存允许)端连接,控制地址/数据线分时复用时地址的锁存;P3.7 与 DS12887 的$\overline{CS}$(片选)端连接,控制 DS12887 是否可操作。

另外,主控电路应包含的晶振电路和复位电路采取的简单通用电路,这里不再重述。

二、时钟模块设计

本设计的时钟模块的主要电路采用 DS12887 芯片来完成。

1. DS12887 芯片简介

DS12887 是美国达拉斯半导体公司(Dallas)推出的实时时钟芯片，采用 CMOS 技术制成，具有内部晶振和时钟芯片备份锂电池，与常用的时钟芯片 MC146818B 和 DS12887 的管脚兼容，采用 DS12887 芯片设计的时钟电路不需任何外围电路和器件，并具有良好的微机接口。DS12887 芯片具有微功耗、外围接口简单、精度高、工作稳定可靠等优点，它功能丰富、应用广泛，特别在工业控制及智能仪器仪表中有广泛用途。

DS12887 时钟芯片的主要功能有：可作为 PC 机的时钟和日历；在没有外部电源的情况下可工作 10 年以上，不丢失数据；自带晶体振荡器及锂电池；可计算到 2100 年前的秒、分、小时、星期、日、月、年 7 种日历信息，并有闰年补偿功能；二进制数码或 BCD 码表示时间、日历和闹钟；12 和 24 小时两种制式，12 小时时钟模式带有 AM 和 PM 指示，有夏令时功能；Motorola 和 Intel 总线时序选择 128 字节 RAM 单元与软件接口，其中 14 字节为时钟单元和控制/状态寄存器，114 字节为通用 RAM，可由用户使用，所有 RAM 单元数据都具有掉电保护功能(非易失性 RAM)。

DS12887 芯片的引脚如图 5-21 所示。

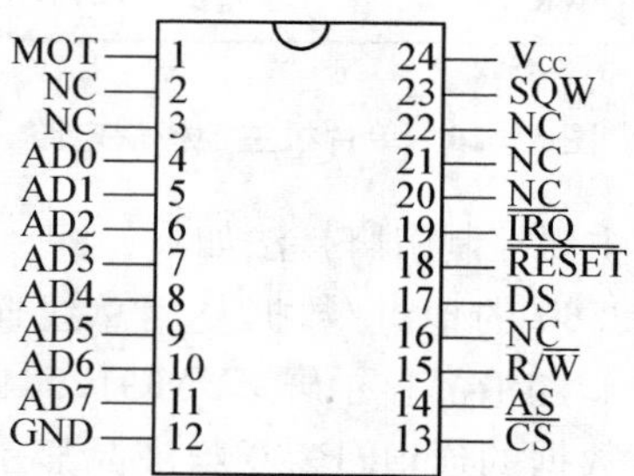

图 5-21　DS12887 芯片引脚图

其中，AD0～AD7：地址/数据复用总线；NC：空脚；MOT：总线模式选择(Motorola/Intel)，当此脚接到 V_{CC}时，选用 Motorola 总线时序，当它接地或者不接时，选用 Intel 总线时序；$\overline{CS}$：片选端；DS：当系统选择 Intel 总线模式时，DS 被称作 RD，当它有效时表示 DS12887 正在往总线输送数据；AS：地址锁存的允许信号；R/$\overline{W}$：在 Intel 总线下为写；$\overline{RESET}$：复位端，复位端对时钟、日历、RAM 无效，系统上电时复位端要保持低电平 200 ms 以上，DS12887 才可以正常工作；$\overline{IRQ}$：中断请求输出端；SQW：方波输出端，当 V_{CC} 低于 4.25 V 时没有作用。

2. DS12887 内部 RAM 各专用寄存器地址及功能

CPU 通过读 DS12887 的内部时标寄存器得到当前的时间和日历，也可通过选择二进制码或 BCD 码初始化芯片的 10 个时标寄存器得到。其 114 bit 非易失性静态 RAM 可供用户使用，对于没有 RAM 的单片机应用系统，可在主机掉电时来保存一些重要的数据。DS12887 的 4 个状态寄存器用来控制和指出 DS12887 模块的当前工作状态，除数据更新周期外，程序可随时读写这 4 个寄存器，其中，DS12887 内部 RAM 各专用寄存器地址功能见表 5－4 所示。

表 5－4　DS12887 内部 RAM 和各专用寄存器地址

地址单元	用途	地址单元	用途
地址 00H	秒	地址 01H	秒闹
地址 02H	分	地址 03H	分闹
地址 04H	时	地址 05H	时闹
地址 06H	星期	地址 07H	日(两位数)
地址 08H	月(两位数)	地址 09H	年(两位数)
地址 0AH	寄存器 A	地址 0BH	寄存器 B
地址 0CH	寄存器 C	地址 0DH	寄存器 D
地址 0E－7EH	不掉电 RAM 区，共 114 字节		

表 5－4 为 DS12887 内部 RAM 和各专用寄存器地址分布表。其中，地址 00H～03H 单元取值范围是 00H～3BH(10 进制为 0～59)；04H～05H 单元按 12 小时制取值范围是上午(AM)01H～0CH(1～12)，下午(PM)81H～8CH(81～92)，按 24 小时制取值范围是 00H～17H(1～23)；06H 单元取值范围是 00H～07H(0～7)；07H 单元取值范围是 01H～1FH(1～31)；08H 单元取值范围是 01H～0CH(1～12)；09H 单元取值范围是 00H～63H(0～99)。另外，应指出的是，尽管 DS12887 的专用时标年寄存器只有一个，但通过软件编程可利用其内部的不掉电的 RAM 区的一个字节实现年度的高两位显示，所以 DS12887 跨越 2000 年的计时不成问题。

基于篇幅原因，这里对寄存器 A，B，C，D 的具体定义不再叙述。

3. DS12887 的中断和更新周期

DS12887 处于正常工作状态时，每秒钟将产生一个更新周期，芯片处于更新周期的标志是寄存器 A 中的 UIP 位为“1”。在更新周期内，芯片内部时标寄存器数据处于更新阶段，故在该周期内，微处理器不能读芯片时标寄存器的内容，否则将得到不确定数据。更新周期的基本功能主要是刷新各个时标寄存器中的内容，同时秒时标寄存器内容加 1，并检查其他时标寄存器的内容是否有溢出。如果有溢出，则相应进位日、月、年。另外一个功能是检查三个时、分、秒报警时标寄存器的内容是否与对应时标寄存器的内容相符，如果相符，则寄存器 C 中的 AF 位置“1”。如果报警，时标寄存器的内容为 C0H 到 FFH 之间的数据，则为不关心状态。

为了采样时标寄存器中的数据，DS12887 提供了两种避开更新周期内访问时标寄存器的方案：第一种是利用更新周期结束发出的中断。它可以编程，允许在每次更新周期结束后发出中断申请，提醒 CPU 将有 998 ms 左右的时间去获取有效的数据，在中断之后的 998 ms时间内，程序可先将时标数据存放在芯片内部的不掉电静态 RAM 中，因为芯片内部的静态 RAM 和状态寄存器是可随时读写的，在离开中断服务子程序前应清除寄存器 C 中的 IRQF 位。另一种是利用寄存器 A 中的 UIP 位来指示芯片是否处于更新周期。在 UIP 位从低变高 244 μs 后，芯片将开始其更新周期，所以检测到 UIP 位为低电平时，则利用 224 μs 的间隔时间去读取时标信息。如检测到 UIP 位为“1”,则可暂缓读数据,等到 UIP 变成低电平再去读数据。

4. DS12887 电路连接

DS12887 与 CPU 的接口有地址/数据复用总线 AD0～AD7、读写控制线 $R/\overline{W}$(在 Intel 总线模式下为写控制 WR 线)、片选信号线 $\overline{CS}$、地址锁存线 AS、数据线 DS(在 Intel 总线模式下为读控制 RD 线)和中断线 $\overline{IRQ}$等。

本设计的 DS12887 芯片与单片机的连接如图 5－22 所示。其中,DS12887 的 AD0～AD7 与 AT89C52 单片机的 P1.0～P1.7 连接,作为数据/地址复用总线;$\overline{IRQ}$连接单片机的外部中断 1 引脚,作为中断请求信号发出端;DS、$R/\overline{W}$、AS、$\overline{CS}$依次连接至单片机的 P3.4～P3.7 引脚,分别用作在 Intel 模式下的读、写、地址锁存、片选信号端。

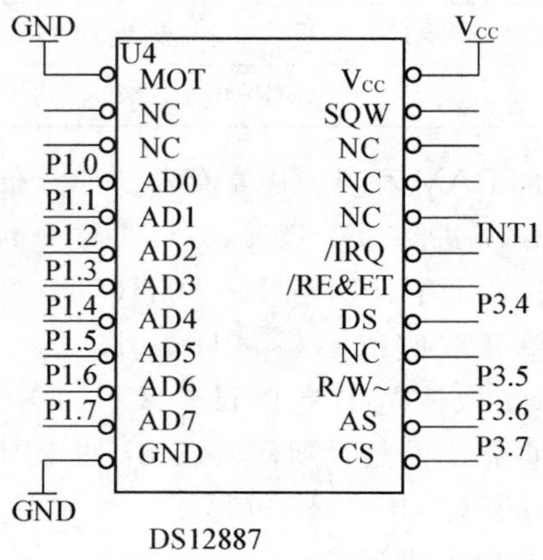

图 5－22　DS12887 与单片机的连接电路

在工作过程中,当 DS12887 的$\overline{CS}$(对应单片机的 P3.7 口)片选端为低电平,且 V_{CC}> 4.25 V,则芯片处在可操作状态。首先置 $R/\overline{W}$(对应单片机的 P3.5 口)读写引脚为低电平,AS(对应单片机的 P3.6)地址锁存允许端为高电平,此时则可对芯片实施写操作。CPU 通过地址/数据复用总线 P1 对 DS12887 写入控制字、年月日、时分秒、星期等关键信息,例如,对内部 RAM 的 02H 单元操作则会改变分钟,对 04H 单元操作则会改变小时,对 06H 单元操作则会改变星期,对 07H 单元操作则会改变日期,对 08H 单元操作则会改变月份,对 09H 单元操作则会改变年份,而对 0AH～0DH 单元写入,则会改变芯片的控制字,比如,对 0A 单元写入 2FH,则控制 DS12887 晶体振荡器开启并且保持时钟运行,中断周期为 500 ms,输出方波频率为 2 Hz。在此注意,A 寄存器的最高位 Bit7 是只读位,当通过寄存器 B 中的 SET 置 1 时,芯片至少会在 244 ms 内不更新时间,而当计时时钟芯片 DS12887 的 DS(对应单片机的 P3.4 口)端为高电平,AS 地址锁存允许端为高电平,则 DS12887 处在读状态,此时根据单片机提供的地址,通过 P1 口单片机可将 DS12887 内部年月日、时分秒、星期等时间信息读走。

在工作过程中,若 3 V<V_{CC}<4.25 V,无论$\overline{CS}$(P3.7)片选端电平如何,均无法对芯片实施操作。此时芯片处于非读写状态,即芯片既不可写入,也无法读出,此时输出端处于高阻状态。若 V_{CC}<3 V 时,芯片则会切换供电路径,转为内部电源供电。

另外，在本系统中，DS12887 选用 Intel 工作模式，因此，MOT 端置低电平。

三、显示模块设计

本设计的显示模块主要由 ZYMG12864 实现。

1. ZYMG12864 简介

ZYMG12864 是点阵液晶显示屏，显示区域尺寸为 66 mm×33 mm，显示规格为 8 列×4 行，最多可显示 32 个字符，LED 灯输入电压为+5 V，工作温度为 0 ℃～50 ℃，内部自带字库，当显示时调用相应字库单元，即可实现显示。ZYMG12864 工作性能稳定，使用方便，使用广泛，可通过外部置高电压复位，也可通过软件复位。

ZYMG12864 的写时时序如图 5－23 所示。

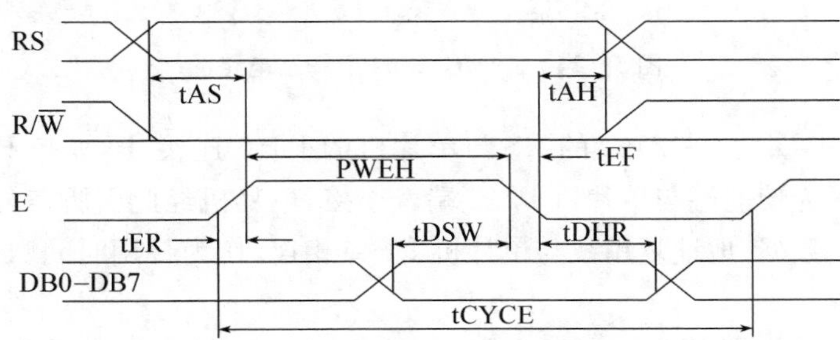

图 5－23　ZYMG12864 写时序

ZYMG12864 具有读/写信号引脚 R/$\overline{W}$、地址/数据复用引脚 DB0－DB7、使能引脚 E、寄存器选择端 RS 以及 V_{CC}电源引脚，主要引脚及说明见表 5－5 所示。

表 5－5　ZYMG12864 引脚说明

引脚号	引脚名称	方向	功能说明
1	V_{SS}	0	模块电源地
2	V_{DD}	3～5 V	模块电源正端
3	PSB	H/L	H:并口方式;L:串口方式
4	RS(CS)	H/L	并口的指令/数据选择;串口的片选端
5	R/$\overline{W}$(SID)	H/L	并口的读写;串口的数据端
6	E(CLK)	H/L	并口的使能;串口的同步时钟
7	DB0	H/L	数据 0
8	DB1	H/L	数据 1
9	DB2	H/L	数据 2
10	DB3	H/L	数据 3
11	DB4	H/L	数据 4
12	DB5	H/L	数据 5
13	DB6	H/L	数据 6
14	DB7	H/L	数据 7
15	LED_A	—	背光源正极
16	LED_K	—	背光源负极

在工作过程中，ZYMG12864 显示字符为 4 行 8 列，其中，第一行显示地址为 80H～87H，第二行为 90H～97H，第三行为 88H～8FH，第四行为 98H－9FH。

2. ZYMG12864 电路连接

ZYMG12864 与单片机的连接如图 5－24 所示。

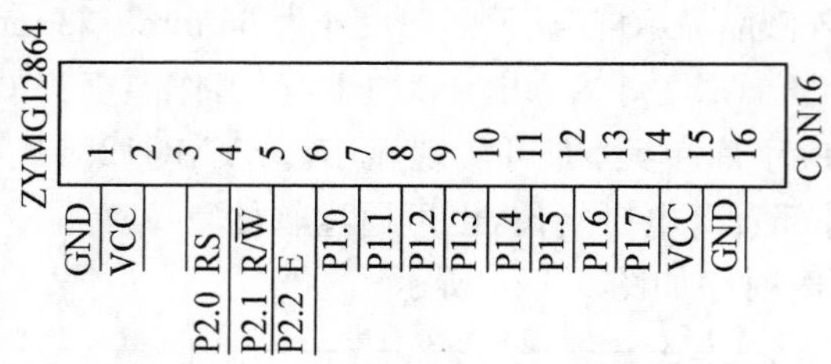

图 5－24　ZYMG12864 引脚及电路图

在图 5－24 中，ZYMG12864 的 RS 与单片机的 P2. 0 连接，R/$\overline{W}$与 P2. 1 端口连接，接受读写命令，E 为使能端与单片机 P2. 2 端口连接，单片机经此引脚信号实现对芯片的选取，DB0～DB7 数据/地址复用线与单片机 P1 口相连，作为日期时间数据的传输通道，完成显示。

在工作过程中，根据 ZYMG12864 的写时序图，对 RS 端发送有效电信号，E 引脚送高电平，对 R/$\overline{W}$置低电位则显示器处于写状态。这时数据线上出现数据，则会显示在显示屏的显示区域。在本语音万年历的实现过程中，由单片机在调用显示子程序时，置液晶显示器 ZYMG12864 的 E(P2. 2)使能端为高电平，R/$\overline{W}$(P2. 1)读写端为低电平，RS(P2. 0)寄存器选择端为高电平，通过 P1 口将要显示的信息数据送入显示器 ZYMG12864 内，从而从 ZYMG12864 的显示地址 82H 处开始显示“当前时间是”，90H 处开始显示年月日信息，8AH 处开始显示星期，99H 单元处开始显示当前具体时间。

四、语音模块设计

本设计的语音模块主要由 ISD2560 实现，ISD2560 语音芯片在前面的设计中已经使用过，这里略去其特点及引脚等介绍。本设计的 ISD2560 与单片机的主要连接如图 5－25所示。

在图 5－25 中，ISD2560 的片选$\overline{CE}$由 89C52 的 P2. 3 端口控制；端口 P2. 4 控制(PD)节电工作模式的实现；端口 P2. 5 对 ISD2560 的 P/$\overline{R}$输送不同电平，使芯片工作在录音、放音两种不同的状态；系统利用 EOM(信息结尾标志)送出的电平作为外部中断 0 请求信号，控制录音的段存；ISD2560 的 AGC(自动增益控制)直接连于外部串联 RC 回路，以解决外部输入录音声源不稳定的问题，以达到最小失真录音；芯片内部数字、模拟同接地线与电源线；ISD2560 的 MIC 和 MICREF 两引脚与外围录音电路连接，组成录音模块；ISD2560 的 ANAOUT 和 ANAIN 通过与外部 RC 电路连接形成回路，以提高增益与截止频率，增强录放音模块抗干扰能力。另外，芯片 ISD2560 共十个地址引脚，其中 A0～A6 为地址/模式复用线，分时传送地址与芯片工作模式，当报时时，则传送地址，读取相应存储单元的内容，若初始化，则向芯片传送工作模式，A7 为地址线，A8 作为控制线，A9 接地不用。

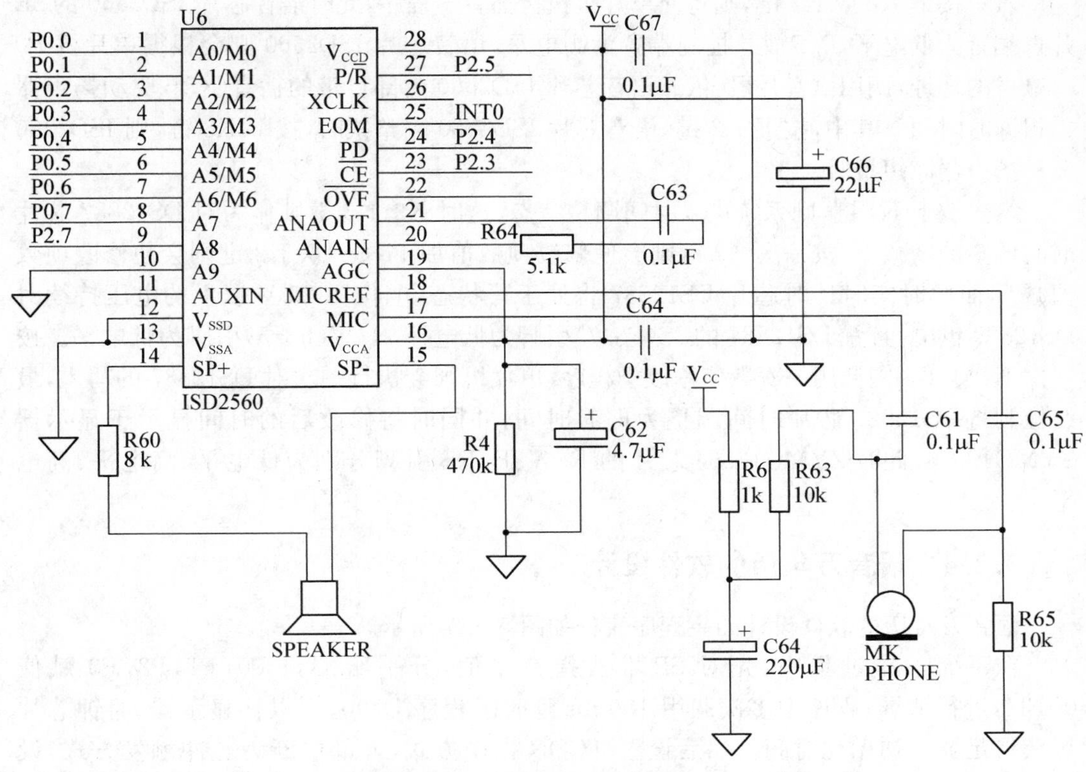

图 5－25　ISD2560 与单片机的连接图

ISD2560 能够存储 60 s 时长的语音信息，最多可分为 600 段，即最小每段时长 100 ms。

五、操作控制模块设计

操作控制模块主要由四个按键 K1、K2、K3、K4 通过限流电阻与电源形成回路，并将开关高电位，分别由 P2. 6(K1)、P2. 0(K2)、P2. 1(K3)、P2. 2(K4)端口送入单片机，作为系统控制的触发信号。具体电路如图 5－26 所示。

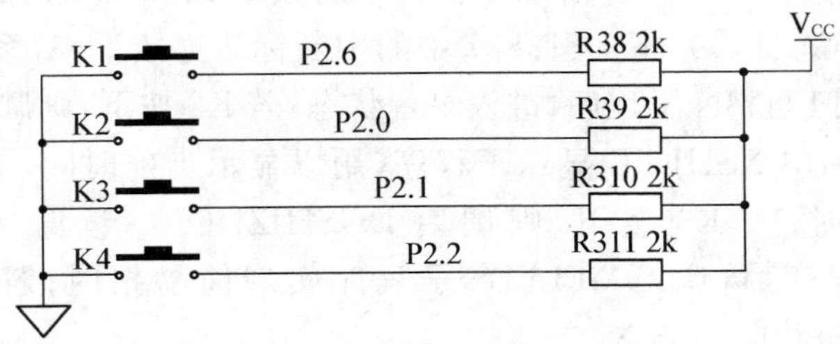

图 5－26　操作控制按键电路

在系统工作过程中，若只按下 K1 键，则单片机调用录音子程序。此时语音芯片 ISD2560 处于录音状态，芯片 ISD2560 的$\overline{\text{CE}}$片选端为低电平，P/$\overline{\text{R}}$放录控制端为低电平，PD 节电端始终保持低点，这样语音芯片 ISD2560 处于录音状态，将“当前时间是”、“年”、“月”、“日”、“星期”、“时”、“分”、“秒”、“十”、“九”、“八”、“七”、“六”、“五”、“四”、“三”、“二”、“一”的语音信息依次录入语音芯片 ISD2560 内部存储器。

若只按下 K2 或 K3 键，则将使单片机执行播音子程序，此时语音芯片 ISD2560 的 $\overline{CE}$ 片选端置为低电平，P/$\overline{R}$ 放录控制端置为高电平，语音芯片 ISD2560 则会根据单片机 P0 口输送的地址，调用语音片段，依靠语音芯片 ISD2560 内部自带的播音驱动，驱动扬声器播报即时时间。其中，按下 K2 键，语音芯片 ISD2560 完整报时，按下 K3 键，则 ISD2560 驱动扬声器简短报时。

若先按下 K4 键，则系统进入时间调整状态，这时 K2、K3 键则作为对 DS12887 芯片时间调整的增减键，按一次 K2 键则会使修改项数值加 1，按一次 K3 键则会使修改项数值减 1，而此时实时计时芯片 DS12887 将处于写状态，电位 4.25 V 以上的电压持续对 DS12887 供电，且置 DS12887 的 $\overline{CS}$(P3.7)引脚为低电平、R/$\overline{W}$(P3.5)引脚为低电平。按一次 K2 或 K3 则调用一次数值修改子程序，单片机则会执行一次对 DS12887 的写入，最终控制将 DS12887 芯片时间调整为即时时间，并同时将修改后的时间显示于显示器 ZYMG12864(此时 ZYMG12864 芯片的 R/$\overline{W}$、E、RS 引脚分别为低电平、高电平、高电平)。

5.2.4 语音万年历的软件设计

语音万年历的软件设计的主程序流程如图 5-27 所示。

在系统工作过程中，先对 SP 堆栈指针赋值，分别给端口 P0，P1，P2，P3 赋值 0FFH，进行清屏；程序中多次调用 100 ms 延时子程序 D100，用以让显示器、时钟芯片等获得足够的初始化时间。然后设置 TCON 控制方式，外部中断为脉冲触发方式，设置 IE，打开中断总开关，设置定时器 T1 的初值(定时为 50 ms，所以可以算出 11.0592 MHz的初值为 4C00H)。接下来，调用 XIANCUN 子程序，用以实现缓冲区初始化，调用 LCD-CSH 显示初始化子程序，调用 DS887CSH 时钟初始化子程序(该子程序在第一次设置时钟时使用，平时不用)，调用 DUSHIZHONG 子程序，用以读出时钟芯片计得的年月日时分秒以及星期的当前值，并存储在缓冲区，再调用 XSHICID 子程序，用以将时间信息在 ZYMG1286 上显示。然后，调用 WATRDEEN 子程序，查询时间的更新状态，等待更新完毕，待信息更新完毕后读取 DS12887 时钟芯片中 C 寄存器(C 寄存器为时钟状态标志)，清 DS12887 中的中断标志。接下来，系统进行按键扫描，若 K1 按下，则调用 LUYIN 子程序，进入录音状态；若 K2 按下，则调用 DUSHIZHONG 读时钟子程序，并调用 XSHICID 显示子程序，用以显示当前时间，再调用 FULLBS 子程序实现完整报时；若 K3 按下，则调用 DUSHIZHONG 读时钟子程序，并调用 XSHICID 显示子程序，再调 SIMPLEBS 子程序实现简易报时；若 K4 按下，则调用 CGTIMER 子程序进行时间调整。

基于篇幅，这里对具体的程序设计代码不再讲述。

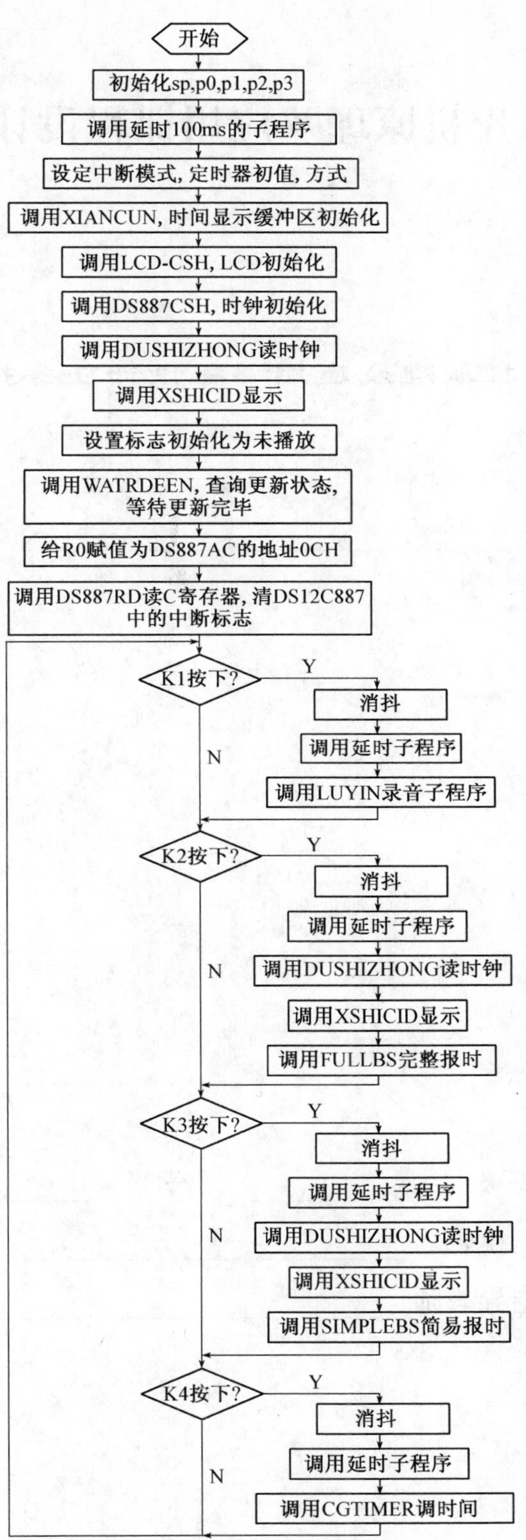
开始
初始化sp,p0,p1,p2,p3
调用延时100ms的子程序
设定中断模式, 定时器初值, 方式
调用XIANCUN, 时间显示缓冲区初始化
调用LCD-CSH, LCD初始化
调用DS887CSH, 时钟初始化
调用DUSHIZHONG读时钟
调用XSHICID显示
设置标志初始化为未播放
调用WATRDEEN, 查询更新状态,
等待更新完毕
给R0赋值为DS887AC的地址0CH
调用DS887RD读C寄存器, 清DS12C887
中的中断标志
K1按下?
Y
消抖
调用延时子程序
调用LUYIN录音子程序
N
K2按下?
Y
消抖
调用延时子程序
调用DUSHIZHONG读时钟
调用XSHICID显示
调用FULLBS完整报时
N
K3按下?
Y
消抖
调用延时子程序
调用DUSHIZHONG读时钟
调用XSHICID显示
调用SIMPLEBS简易报时
N
K4按下?
Y
消抖
调用延时子程序
调用CGTIMER调时间
N

图 5－27　主程序流程图

附录 A　单片机原理及应用课程设计任务指导书

《单片机原理及应用课程设计任务指导书》

课题：________________________________

班级 ____________　　学号 ____________

学生姓名 ________________________

指导教师 ________________________

一、课程设计目的

“单片机原理及应用”课程设计是一个重要的实践性教育环节，是学生在校期间必须接受的一项工程训练。在课程设计过程中，在教师指导下，运用工程的方法，通过一个简单课题的设计练习，可使学生通过综合的系统设计，熟悉应用系统的设计过程、设计要求、应完成的工作内容和具体的设计方法，了解必须提交的各项工程文件，也达到巩固、充实和综合运用所学知识解决实际问题的目的。

通过课程设计，应能加强学生如下能力的培养：

(1) 独立工作能力和创造力；

(2) 综合运用专业及基础知识解决实际工程技术问题的能力；

(3) 查阅图书资料、产品手册和各种工具书的能力；

(4) 工程绘图的能力；

(5) 编写技术报告和编制技术资料的能力。

二、设计要求

(一) 总体要求

(1) 独立完成设计任务；

(2) 绘制系统硬件总框图；

(3) 绘制系统原理电路图；

(4) 制定编写设计方案，编制软件框图，完成详细完整的程序清单和注释；

(5) 制定编写调试方案，编写用户操作使用说明书；

(6) 写出设计工作小结，对在完成以上文件过程所进行的有关步骤，如设计思想、指标论证、方案确定、参数计算、元器件选择、原理分析等做出说明，并对所完成的设计做出评价，总结自己在整个设计工作中的经验教训和收获及今后的研修方向。

(二) 具体要求

本次工程实践的校内部分主要以单片机为基础，进行单片机软件编程，目的是为了提高学生的软件编程和系统设计能力，整个设计系统包括两个部分:硬件及软件部分。硬件部分已经制作成功，学生只需要掌握其原理和焊接相应的元器件，掌握元器件的辨别和元器件的作用以及应用场所即可，另外对所焊接的电路还需要进行仔细的检查，判断是否有焊接错误的地方或者短路的地方，对出现的异常情况要能够根据现象判别原因，并具备解决问题的能力，从而切实提高学生的硬件电子电路的分析、判断能力。

1. 设计方式

课题设计分为三个阶段：

(1) 查阅资料和自行设计阶段。在此阶段，同学们自己选择时间及方式。

(2) 实验室调试和测试，熟悉软件阶段。在此阶段，在规定的时间内，必须到实验室签到，实地设计，随时向老师请教，同时，每次签到记录将作为成绩的一部分进行计算。

(3) 答疑阶段。在此阶段,每个同学都自己安排时间,有问题随时到实验室找老师。

2. 成绩给定

本设计的最后成绩由四部分构成:

(1) 设计实物得分。在所提供的电路板中下载自己编写的规定任务的程序,并运行出结果,由于课题是多任务的课题,所以每个运行出的结果都记录一定成绩,再进行总评,确定具体得分。

(2) 设计期间考勤得分。根据实验室调试和测试、熟悉软件阶段的考勤记录,来确定考勤具体得分。

(3) 设计论文得分。最后每位同学需要提供一个课程设计报告,根据论文书写情况来确定具体得分。

(4) 答辩情况,根据老师对各个同学的答辩情况来具体确定分数。

(三) 课程设计报告写作要求

本次课程设计报告写作要求如下,整个论文要求手写或打印,各个同学的设计报告不可抄袭,且论文必须包含以下内容:

1. 封面

封面要求打印,具体格式见任务书首页,课题名字见具体任务分配名字。

2. 目录

3. 正文

(1) 概述本设计的意义、本人所做的工作及系统的主要功能。

(2) 器件介绍,对所用的主要器件进行简要介绍,例如,单片机、时钟芯片、温度传感器等,还要介绍其主要引脚、工作方式、特点等。

(3) 硬件电路设计及描述。

注意:必须包含①具体的设计电路的方框图,并说明各个方框图中电路的作用、工作过程;②各个功能电路的具体连线图,最好用 Protel 软件画好后贴在论文的相应位置,图下面要有电路的工作过程描述,有几个功能模块就分几个部分,每个功能模块都需要描述。

(4) 软件设计流程及描述。

注意:分模块来写各个部分的软件流程图和程序,并用文字说明其执行过程,有几个功能模块就分几个部分,每个功能模块都需要有软件流程图和程序。例如

4.1　时钟功能模块程序设计 4.2　温度测试功能模块程序设计

(5) 源程序代码(要有注释)。

(6) 课程设计体会。

(7) 参考文献。

(四) 具体课题

本题属于多功能任务设计,基于本实验室所提供的电路模板,具体题目如下:

(1) 以电子钟为主的多功能任务设计;

(2) 以作息时间控制为主的多功能任务设计;

(3) 以交通灯控制为主的多功能任务设计;

(4) 以车速里程测量为主的多功能任务设计;

(5) 以温度测量为主的多功能任务设计。

课题名字的多功能任务的含义是:要求每个同学所设计的电路和程序必须实现4个功能,电路提供四个按键,要求同学们能编写、调试对应的键盘扫描子程序,从而实现当按下A按键,实现蜂鸣器或继电器动作,当按下B按键,实现LED流水灯(循环显示),当按下C按键,实现数码管动态扫描显示(显示内容可以自己确定),前3个功能,对于每个课题都是相同的,只有最后一个按键不同,其功能取决于所选课题名称,即当按下D按键,要求实现相应课题的最主要的功能,例如,对于"以电子钟为主的多功能任务设计"的课题,当按下该课题所对应的D按键,就要实现电子钟的功能,其余类似。

软件编程是本次工程实践的重要环节,在此次工程实践中,将占据主要时间,根据以上任务可知,每个学生都要完成的基本软件编程任务主要包括以下几点:

① 熟悉Keil C51编程平台及相关编程软件;

② 编写、调试蜂鸣器或继电器动作或方波程序并进行软硬件联调;

③ 编写、调试LED流水灯(循环显示)程序并进行软硬件联调;

④ 编写、调试键盘扫描子程序并进行软硬件联调;

⑤ 编写、调试数码管动态扫描程序并进行软硬件联调;

⑥ 电子钟设计(包括键盘、时钟、显示等);

⑦ 温度测量控制系统设计(包括键盘、显示、控制、报警等);

⑧ 作息时间控制设计;

⑨ 交通灯控制设计;

⑩ 车速里程测量设计。

其中前五个内容是后五个内容的基础,主要是编制一些子程序,为后继的整个系统设计打下基础。另外,对各个课题的具体提示如下:

电子钟设计:要求电子钟软件程序必须具备键盘扫描、数码管显示、时钟以及日历、秒表和闹钟功能。

作息时间控制设计:具体作息时间可以自行设定,设计方式与电子钟设计类似。

温度测量与控制系统设计:简单而又应用普遍的温度控制系统,包括温度采集、信号转换、单片机处理以及控制、报警等部分,要求学生采用声光报警方式。

交通灯控制设计:要求调查交通灯的控制规则,利用单片机的定时器定时,令十字路口的红绿黄灯交替点亮和熄灭,并且用LED数码管显示时间,其中,红灯亮35秒,绿灯亮30秒,黄灯亮5秒,除基本电路外,还要设计显示的发光二极管电路、时钟电路等。

车速里程测量设计:要求可以检测车轮所转圈数,从而确定里程并显示。除基本电路外,还要设计车轮检测用传感器以及信号调理电路、数码管显示电路、时钟电路等。

(五) 课题分配

每个同学的学号除以5,余数即为课题号,能被5整除的同学选5号课题,例如7号同学,学号7除以5,余2,则选择2号课题,以此类推。具体课题编号如下:

（1）以电子钟为主的多功能任务设计；
（2）以作息时间控制为主的多功能任务设计；
（3）以交通灯控制为主的多功能任务设计；
（4）以车速里程测量为主的多功能任务设计；
（5）以温度测量为主的多功能任务设计。

三、设计步骤

（1）硬件初步设计；
（2）软件初步设计；
（3）硬件系统参数选择；
（4）软硬件分别调试；
（5）联合调试。

附录 B　51 单片机汇编语言指令集

助记符	字节数	周期数	功能说明
1. 算术操作类指令			
ADD A,Rn	1	1	寄存器加到累加器
ADD A,direct	2	2	直接寻址字节加到累加器
ADD A,@Ri	1	2	间址 RAM 加到累加器
ADD A,#data	2	2	立即数加到累加器
ADDC A,Rn	1	1	寄存器加到累加器(带进位)
ADDC A,direct	2	2	直接寻址字节加到累加器(带进位)
ADDC A,@Ri	1	2	间址 RAM 加到累加器(带进位)
ADDC A,#data	2	2	立即数加到累加器(带进位)
SUBB A,Rn	1	1	累加器减去寄存器(带借位)
SUBB A,direct	2	2	累加器减去直接寻址字节(带借位)
SUBB A,@Ri	1	2	累加器减去间址 RAM(带借位)
SUBB A,#data	2	2	累加器减去立即数(带借位)
INC A	1	1	累加器加 1
INC Rn	1	1	寄存器加 1
INC direct	2	2	直接寻址字节加 1
INC @Ri	1	2	间址 RAM 加 1
DEC A	1	1	累加器减 1
DEC Rn	1	1	寄存器减 1
DEC direct	2	2	直接寻址字节减 1
DEC @Ri	1	2	间址 RAM 减 1
INC DPTR	1	1	数据地址加 1
MUL AB	1	4	累加器和寄存器 B 相乘
DIV AB	1	8	累加器除以寄存器 B
DA A	1	1	累加器十进制调整
2. 逻辑操作类指令			
ANL A,Rn	1	1	寄存器“与”到累加器

（续表）

助记符	字节数	周期数	功能说明
ANL A,direct	2	2	直接寻址字节“与”到累加器
ANL A,@Ri	1	2	间址 RAM“与”到累加器
ANL A,＃data	2	2	立即数“与”到累加器
ANL direct,A	2	2	累加器“与”到直接寻址字节
ANL direct,＃data	3	3	立即数“与”到直接寻址字节
ORL A,Rn	1	1	寄存器“或”到累加器
ORL A,direct	2	2	直接寻址字节“或”到累加器
ORL A,@Ri	1	2	间址 RAM“或”到累加器
ORL A,＃data	2	2	立即数“或”到累加器
ORL direct,A	2	2	累加器“或”到直接寻址字节
ORL direct,＃data	3	3	立即数“或”到直接寻址字节
XRL A,Rn	1	1	寄存器“异或”到累加器
XRL A,direct	2	2	直接寻址字节“异或”到累加器
XRL A,@Ri	1	2	间址 RAM“异或”到累加器
XRL A,＃data	2	2	立即数“异或”到累加器
XRL direct,A	2	2	累加器“异或”到直接寻址字节
XRL direct,＃data	3	3	立即数“异或”到直接寻址字节
CLR A	1	1	累加器清零
CPL A	1	1	累加器求反
RL A	1	1	累加器循环左移
RLC A	1	1	经过进位位的累加器循环左移
RR A	1	1	累加器循环右移
RRC A	1	1	经过进位位的累加器循环右移
SWAP A	1	1	累加器内高低半字节交换
3. 数据传输类指令			
MOV A,Rn	1	1	寄存器传送到累加器 A
MOV A,direct	2	2	直接寻址字节传送到累加器
MOV A,@Ri	1	2	间址 RAM 传送到累加器
MOV A,＃data	2	2	立即数传送到累加器
MOV Rn,A	1	1	累加器传送到寄存器
MOV Rn,direct	2	2	直接寻址字节传送到寄存器

（续表）

助记符	字节数	周期数	功能说明
MOV Rn,＃data	2	2	立即数传送到寄存器
MOV direct,A	2	2	累加器传送到直接寻址字节
MOV direct,Rn	2	2	寄存器传送到直接寻址字节
MOV direct,direct	3	3	直接寻址字节传送到直接寻址字节
MOV direct,@Ri	2	2	间址 RAM 传送到直接寻址字节
MOV direct,＃data	3	3	立即数传送到直接寻址字节
MOV @Ri,A	1	2	累加器传送到间址 RAM
MOV @Ri,direct	2	2	直接寻址字节传送到间址 RAM
MOV @Ri,＃data	2	2	立即数传送到间址 RAM
MOV DPTR,＃data16	3	3	16 位常数装入数据指针
MOVC A,@A+DPTR	1	3	相对于 DPTR 的代码字节传送到累加器
MOVC A,@A+PC	1	3	相对于 PC 的代码字节传送到累加器
MOVX A,@Ri	1	3	外部 RAM(8 位地址)数传送到 A
MOVX @Ri,A	1	3	累加器传到外部 RAM(8 位地址)
MOVX A,@DPTR	1	3	外部 RAM(16 位地址)传送到 A
MOVX @DPTR,A	1	3	累加器传到外部 RAM(16 位地址)
PUSH direct	2	2	直接寻址字节压入栈顶
POP direct	2	2	栈顶数据弹出到直接寻址字节
XCH A,Rn	1	1	寄存器和累加器交换
XCH A,direct	2	2	直接寻址字节与累加器交换
XCH A,@Ri	1	2	间址 RAM 与累加器交换
XCHD A,@Ri	1	2	间址 RAM 和累加器交换低半字节
4. 位操作类指令			
CLR C	1	1	清进位位
CLR bit	2	2	清直接寻址位
SETB C	1	1	进位位置 1
SETB bit	2	2	直接寻址位置位
CPL C	1	1	进位位取反
CPL bit	2	2	直接寻址位取反
ANL C,bit	2	2	直接寻址位“与”到进位位
ANL C,/bit	2	2	直接寻址位的反码“与”到进位位

（续表）

助记符	字节数	周期数	功能说明
ORL C,bit	2	2	直接寻址位“或”到进位位
ORL C,/bit	2	2	直接寻址位的反码“或”到进位位
MOV C,bit	2	2	直接寻址位传送到进位位
MOV bit,C	2	2	进位位传送到直接寻址位
JC rel	2	2/3	若进位位为1则跳转
JNC rel	2	2/3	若进位位为0则跳转
JB bit,rel	3	3/4	若直接寻址位为1则跳转
JNB bit,rel	3	3/4	若直接寻址位为0则跳转
JBC bit,rel	3	3/4	若直接寻址位为1则跳转,并清除该位
5. 控制转移类指令			
ACALL addr11	2	3	绝对调用子程序
LCALL addr16	3	4	长调用子程序
RET	1	5	从子程序返回
RETI	1	5	从中断返回
AJMP addr11	2	3	绝对转移
LJMP addr16	3	4	长转移
SJMP rel	2	3	短转移(相对偏移)
JMP @A+DPTR	1	3	相对DPTR的间接转移
JZ rel	2	2/3	累加器为0则转移
JNZ rel	2	2/3	累加器为非0则转移
CJNE A,direct,rel	3	3/4	比较直接寻址字节与A,不相等则转移
CJNE A,#data,rel	3	3/4	比较立即数与A,不相等则转移
CJNE Rn,#data,rel	3	3/4	比较立即数与寄存器,不相等则转移
CJNE @Ri,#data,rel	3	4/5	比较立即数与间接寻址RAM,不相等则转移
DJNZ Rn,rel	2	2/3	寄存器减1,不为0则转移
DJNZ direct,rel	3	3/4	直接寻址字节减1,不为0则转移
NOP	1	1	空操作

注释：

➢ Rn——当前选择的寄存器区的寄存器R0—R7；

➢ @Ri——通过寄存器R0和R1间接寻址的数据RAM地址；

➢ rel——相对于下一条指令第8位有符号偏移量,SJMP和所有条件转移指令使用；

➢ direct——8位内部数据存储器地址,可以是直接访问数据RAM地址(0x00—0x7F)或一个SFR地址(0x80—0xFF)；

➢ ＃data——8位立即数；

➢ ＃data16——16位立即数；

➢ bit——数据RAM或SFR中的直接寻址位；

➢ addr11——ACALL或AJMP使用的11位目的地址，目的地址必须与下一条指令处于同一个2K字节的程序存储器里；

➢ addr16——LCALL或LJMP使用的16位目的地址，目的地址可以是64K程序存储器空间内的任何位置。

附录 C　常见芯片引脚图

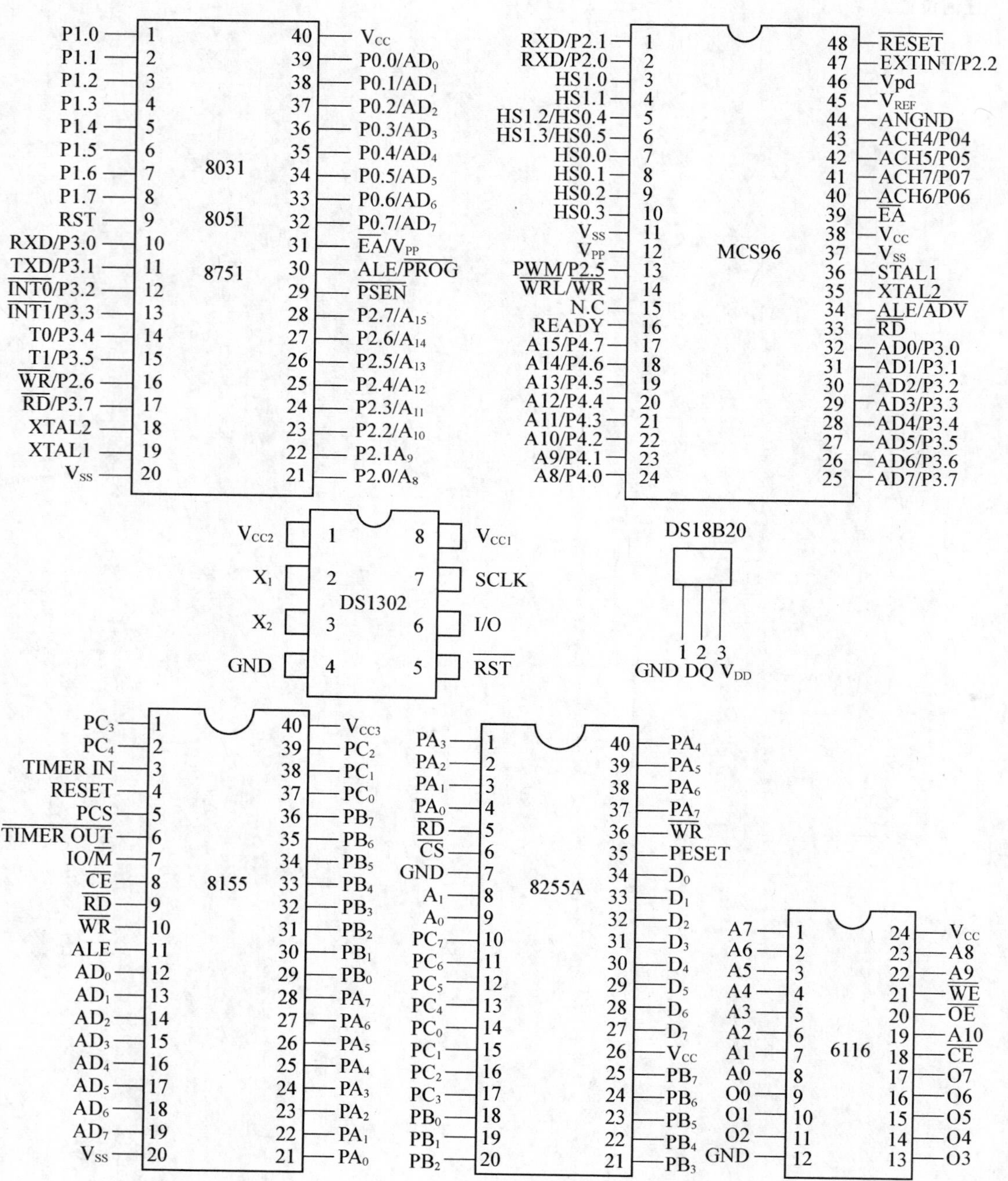

8031
8051
8751
P1.0 1
P1.1 2
P1.2 3
P1.3 4
P1.4 5
P1.5 6
P1.6 7
P1.7 8
RST 9
RXD/P3.0 10
TXD/P3.1 11
INT0/P3.2 12
INT1/P3.3 13
T0/P3.4 14
T1/P3.5 15
WR/P2.6 16
RD/P3.7 17
XTAL2 18
XTAL1 19
V_{SS} 20
40 V_{CC}
39 P0.0/AD_0
38 P0.1/AD_1
37 P0.2/AD_2
36 P0.3/AD_3
35 P0.4/AD_4
34 P0.5/AD_5
33 P0.6/AD_6
32 P0.7/AD_7
31 EA/V_{PP}
30 ALE/PROG
29 PSEN
28 P2.7/A_{15}
27 P2.6/A_{14}
26 P2.5/A_{13}
25 P2.4/A_{12}
24 P2.3/A_{11}
23 P2.2/A_{10}
22 P2.1A_9
21 P2.0/A_8
MCS96
RXD/P2.1 1
RXD/P2.0 2
HS1.0 3
HS1.1 4
HS1.2/HS0.4 5
HS1.3/HS0.5 6
HS0.0 7
HS0.1 8
HS0.2 9
HS0.3 10
V_{SS} 11
V_{PP} 12
PWM/P2.5 13
WRL/WR 14
N.C 15
READY 16
A15/P4.7 17
A14/P4.6 18
A13/P4.5 19
A12/P4.4 20
A11/P4.3 21
A10/P4.2 22
A9/P4.1 23
A8/P4.0 24
48 RESET
47 EXTINT/P2.2
46 Vpd
45 V_{REF}
44 ANGND
43 ACH4/P04
42 ACH5/P05
41 ACH7/P07
40 ACH6/P06
39 EA
38 V_{CC}
37 V_{SS}
36 STAL1
35 XTAL2
34 ALE/ADV
33 RD
32 AD0/P3.0
31 AD1/P3.1
30 AD2/P3.2
29 AD3/P3.3
28 AD4/P3.4
27 AD5/P3.5
26 AD6/P3.6
25 AD7/P3.7
DS1302
V_{CC2} 1
X_1 2
X_2 3
GND 4
8 V_{CC1}
7 SCLK
6 I/O
5 RST
DS18B20
1 2 3
GND DQ V_{DD}
8155
PC_3 1
PC_4 2
TIMER IN 3
RESET 4
PCS 5
TIMER OUT 6
IO/M 7
CE 8
RD 9
WR 10
ALE 11
AD_0 12
AD_1 13
AD_2 14
AD_3 15
AD_4 16
AD_5 17
AD_6 18
AD_7 19
V_{SS} 20
40 V_{CC3}
39 PC_2
38 PC_1
37 PC_0
36 PB_7
35 PB_6
34 PB_5
33 PB_4
32 PB_3
31 PB_2
30 PB_1
29 PB_0
28 PA_7
27 PA_6
26 PA_5
25 PA_4
24 PA_3
23 PA_2
22 PA_1
21 PA_0
8255A
PA_3 1
PA_2 2
PA_1 3
PA_0 4
RD 5
CS 6
GND 7
A_1 8
A_0 9
PC_7 10
PC_6 11
PC_5 12
PC_4 13
PC_0 14
PC_1 15
PC_2 16
PC_3 17
PB_0 18
PB_1 19
PB_2 20
40 PA_4
39 PA_5
38 PA_6
37 PA_7
36 WR
35 PESET
34 D_0
33 D_1
32 D_2
31 D_3
30 D_4
29 D_5
28 D_6
27 D_7
26 V_{CC}
25 PB_7
24 PB_6
23 PB_5
22 PB_4
21 PB_3
6116
A7 1
A6 2
A5 3
A4 4
A3 5
A2 6
A1 7
A0 8
O0 9
O1 10
O2 11
GND 12
24 V_{CC}
23 A8
22 A9
21 WE
20 OE
19 A10
18 CE
17 O7
16 O6
15 O5
14 O4
13 O3

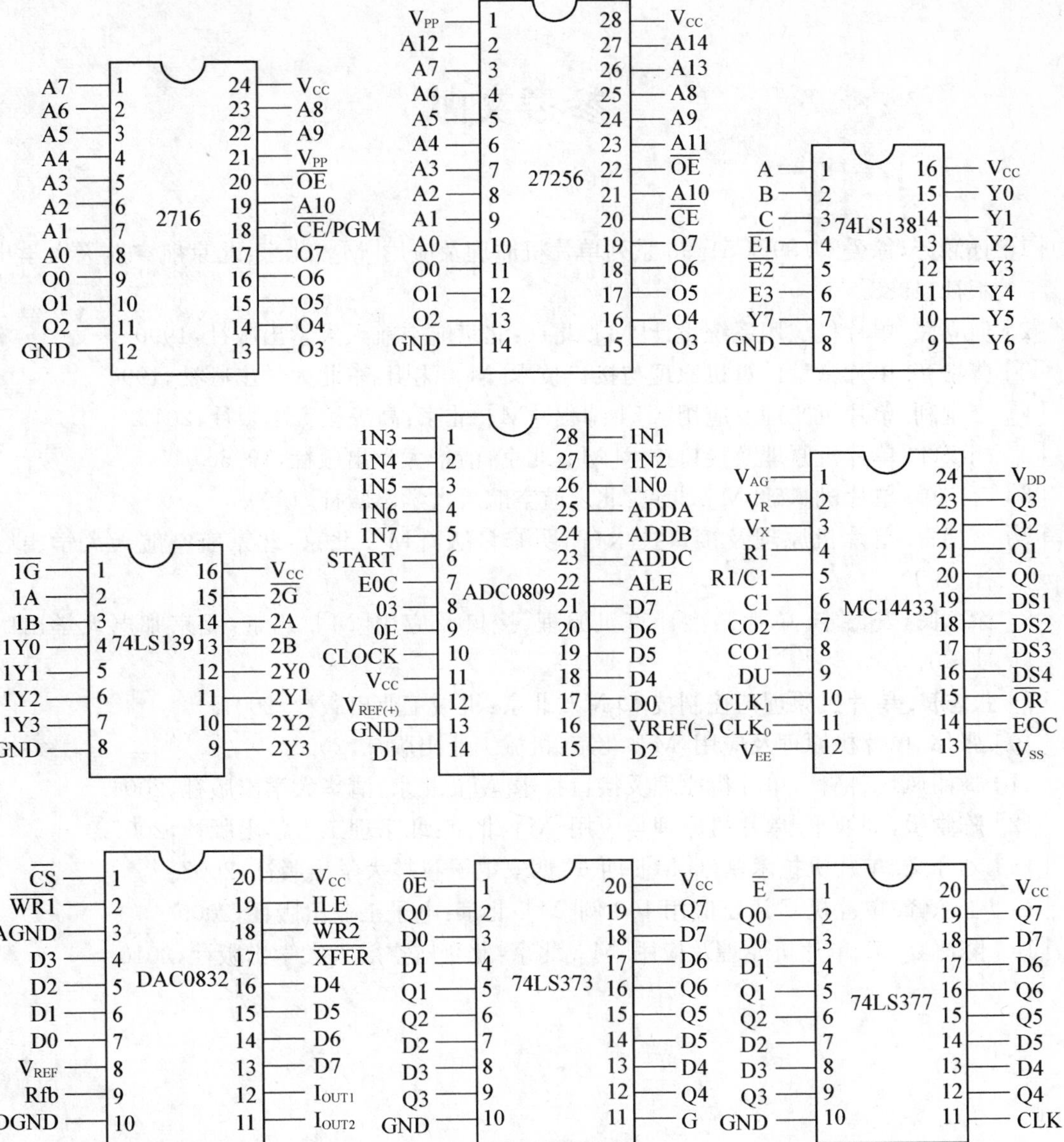
2716
27256
74LS138
74LS139
ADC0809
MC14433
DAC0832
74LS373
74LS377

参考文献

[1] 孙涵芳,徐爱卿. 89CC51/96 系列单片机原理及应用[M]. 北京:北京航空航天大学出版社,1988.

[2] 何立民. 单片机应用系统设计[M]. 北京:北京航空航天大学出版社,1990.

[3] 曹素芬. 单片微型计算机原理与接口技术[M]. 沈阳:东北大学出版社,1994.

[4] 李全利. 单片机原理及应用(C51 编程)[M]. 北京:高等教育出版社,2012.

[5] 胡汉才. 单片机原理及接口技术[M]. 北京:清华大学出版社,1996.

[6] 李广弟. 单片机基础[M]. 北京:北京航空航天大学出版社,1999.

[7] 李朝青. 单片机原理及接口技术(简明修订版)[M]. 北京:北京航空航天大学出版社,1999.

[8] 徐惠民,安德宁. 单片微型计算机原理、接口及应用[M]. 北京:北京邮电大学出版社,2000.

[9] 张志良. 单片机原理与控制技术[M]. 北京:机械工业出版社,2001.

[10] 张伟. 单片机原理及应用[M]. 北京:机械工业出版社,2002.

[11] 梅丽凤,王艳秋. 单片机原理及接口技术[M]. 北京:清华大学出版社,2004.

[12] 陈堂敏,刘焕平. 单片机原理与应用[M]. 北京:北京理工大学出版社,2007.

[13] 刘守义. 单片机技术基础[M]. 西安:西安电子科技大学出版社,2007.

[14] 王东峰. 单片机 C 语言应用 100 例[M]. 北京:电子工业出版社,2009.

[15] 陈海宴. 51 单片机原理及应用[M]. 北京:北京航空航天大学出版社,2010.